Imasugu Tsukaeru
Kantan Series

Microsoft Teams for Education
Shota Koike

Teams
for Education

導入から運用まで、一冊でしっかりわかる本

JN011369

技術評論社

本書の使い方

● 画面の手順解説だけを読めば、操作できるようになる！
● もっと詳しく知りたい人は、左側の「側注」を読んで納得！
● これだけは覚えておきたい機能を厳選して紹介！

特長 1

機能ごとに
まとまっているので、
「やりたいこと」が
すぐに見つかる！

特長 2

基本操作

赤い矢印の部分だけを
読んで、パソコンを
操作すれば、難しいことは
わからなくても、
あっという間に
操作できる！

11
タブを活用しよう

Section
11 タブを活用しよう

Teams for Education でのコミュニケーションやファイルの共有が続いていくと、「大切なファイルがどこにいったか」がわかりにくくなります。ここでは「時間割」の PDF ファイルを例に、タブの活用法を確認します。

・ファイル
・アプリ

Teams for Education を利用し

1 見落としがちなファイルをタブで追加する

解説
投稿が増えてくると情報が埋もれやすくなるためひと工夫を

古くからインターネットで情報のやり取りをする際、情報が蓄積されてしまって目的の内容が見つからないということは、よく起こっています。これを、ユーザーの責任にするのではなく、少しでもわかりやすい情報発信の工夫ができるようになることが大切です。タブの活用は、その基本といえます。

注意
タブを増やしすぎない

の見落としが起こりやすくなってしまいかねません。必要最小限にすることが大切です。作ったタブを消すには、タブを選んだあと、タブ横の ∨ をクリックして[削除]をクリックしましょう。

1 目立たせたいファイルを、あらかじめ[ファイル]タブからアップロードしておきます(ここでは PDF 形式のファイル)。

2 タブにある＋をクリックし、

3 あらかじめアップしたファイルと同じ形式の[PDF]クリックします。

50

特長 3

やわらかい上質な紙を
使っているので、
開いたら閉じにくい！

● 補足説明

操作の補足的な内容を「側注」にまとめているので、
よくわからないときに活用すると、疑問が解決！

 解説
概要説明

 ヒント
便利な機能

 重要用語
用語の解説

ショートカットキー
キーボード操作

補足
補足説明

注意
注意事項

解説

PDF 以外のファイルもタブへ

ここでは、「連絡帳」のチャネルに、日ごろから学習者が目にする必要のある「時間割」のPDFファイルを常に見やすいようにしました。PDFファイル以外のWord、Excel、PowerPointについても、同様の手順でタブに表示することができます。

補足

**タブ追加のチャネルへの
自動投稿**

タブを追加する際、[このタブについてのチャネルに投稿します] という確認欄があります。これをオンにしたままにすると、自動的に「このチャネルの上部にタブを追加しました」という投稿でメンバーに知らせてくれます。

ヒント

アプリやWebサイトもタブへ

ファイル以外にも、アプリやWebサイトもタブに表示することができます。学校の公式Webサイトや学習教材など、チャネルに応じた重要な内容をタブとして活用するのも1つです。ただし、学習者用デジタル教科書などの細かな機能はブラウザーでないと、正常に動作しないことがあります。

4 タブに表示される名前を変更し（ここでは「時間割」）、

5 タブに表示させるファイルをクリックして（ここでは手順1のファイル）、

6 [保存] をクリックしま

特長 4

大きな操作画面で
該当箇所を囲んでいるので
よくわかる！

7 手順4 で示したタブ名が表示されます。

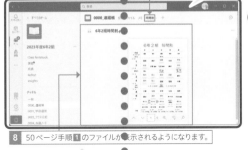

8 50ページ手順1 のファイルが表示されるようになります。

投稿の画面に戻っても、[時間割] タブが
表示されていることが確認できます

3

はじめに

2020年3月。新型コロナウィルス感染拡大による全国一斉休校によって、学校の教育活動がストップしました。当時、千葉大学教育学部附属小学校に勤務していた筆者は、その休校初日から、さまざまな人にお世話になり、Teams for Educationを全校児童に活用することができました。教室のうしろで他愛もない会話ができた、日ごろの友達とのコミュニケーションが、とても大切な学びであったということに気づかされました。Teams for Educationは、そうしたコミュニケーションを通した学びを止めないインフラとして、活躍してくれました。

2021年4月。GIGAスクール構想によって、全国の小中学校で1人1台端末が本格的に導入されました。筆者は、東京学芸大学附属小金井小学校へ勤務し、担任をすることになった5年生の子どもたち1人1人に、端末を手渡しました。最初に使い方を確認したのは、このTeams for Educationでした。この子たちも、休校期間中にTeams for Educationを活用していました。普段使いできるようになっているからこそ、すべての授業時間でコミュニケーションツールとして活用することができました。ある子から「普段なかなか話すことのない人の考えがわかるのが楽しい」という意見を聞いたときには、大変感心しました。

2022年4月。筆者は学年を持ち上がって、6年生の担任をしました。このとき、新年度で新しくなったTeams for Educationのチームで、改めて挨拶を交わし合いました。子どもたちにとって、オンライン上でコミュニケーションを取ることは自然になりつつありましたが、やはり新しく始まる1年にワクワクしている様子が伝わりました。

本書では、初めてTeams for Educationの画面を開いたワクワク感のまま、基本的なコミュニケーションを行うための操作や応用、場面ごとの活用について、凝縮してまとめています。さあ、Teams for Educationが拓く学びとコミュニケーションを、一緒に味わっていきましょう。

2022年12月　小池 翔太

目次

第3章 Microsoft 365 Education を知ろう

第 **4** 章 **Teams for Education の教育向け機能を活用しよう**

第 5 章　Teams for Educationで学習のデジタル化を進めよう

第 6 章　Teams for Educationをさまざまな場面で活用しよう

第**7**章 自宅からオンライン授業に参加できるようにしよう

第**8**章 保護者とコミュニケーションを取ろう

第9章 Teams for Educationの管理者の心得を学ぼう

付録1 Teams管理センターの使い方

付録2 トラブル解決Q&A

ご注意：ご購入・ご利用の前に必ずお読みください

● 本書に記載された内容は、情報提供のみを目的としています。したがって、本書を用いた運用は、必ずお客様自身の責任と判断によって行ってください。これらの情報の運用の結果について、技術評論社および著者はいかなる責任も負いません。

● ソフトウェアに関する記述は、特に断りのないかぎり、2022年12月現在での最新情報をもとにしています。これらの情報は更新される場合があり、本書の説明とは機能内容や画面図などが異なってしまうことがあり得ます。あらかじめご了承ください。

● 本書の内容は、以下の環境で制作し、動作を検証しています。使用しているパソコンによっては、機能内容や画面図が異なる場合があります。
　　・Windows 11
　　・Microsoft Teams 1.5.00.28361

● インターネットの情報については、URLや画面などが変更されている可能性があります。ご注意ください。

以上の注意事項をご承諾いただいた上で、本書をご利用願います。これらの注意事項をお読みいただかずに、お問い合わせいただいても、技術評論社および著者は対処しかねます。あらかじめご了承ください。

■本書に掲載した会社名、プログラム名、システム名などは、米国およびその他の国における登録商標または商標です。本文中では™、®マークは明記していません。

第 **1** 章

Teams for Educationの基本を知ろう

Section 01 | Teams for Education とは

ここで学ぶこと

・GIGAスクール構想
・日常活用
・教育向け特有の機能

マイクロソフトが提供するTeams for Educationは、教育機関において1人1台端末を日常活用するうえで、欠かせないコミュニケーションツールです。GIGAスクール構想の実現を視野に入れながら、同ツールの概要を確認していきましょう。

① GIGAスクール構想における学び

✎ 補足

GIGAスクール構想の「GIGA」とは

「GIGA」は「Global and Innovation Gateway for All」の略で、1人1台端末の整備に加えて、学習者が高速大容量の通信ネットワークを活用して学べる環境を整備することを目的としています。

✎ 補足

「1人1台端末・高速通信環境」がもたらす学びの変容イメージ

GIGAスクール構想における学びについて、文部科学省は「これまでの我が国の教育実践と最先端のICTのベストミックスを図り、教師・児童生徒の力を最大限に引き出す」と指摘しています。Teams for Educationの活用そのものを目的とするのではなく、学習者にとってどのような学びの変容を促せるかを考えていく必要があります。

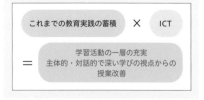

Microsoft Teams for Education(以降、Teams for Education)は、ビデオ会議やチャット、各種資料の作成や共有ツールなどが1つにまとまった教育向けのコミュニケーションツールです。マイクロソフトのさまざまなアプリをつないでいるハブ(中核)のようなアプリです。2019年度から開始された「GIGAスクール構想」により、学校において高速通信環境と1人1台の端末が整備されてきています。この過程で、Teams for Educationが導入された学校が多くあります。

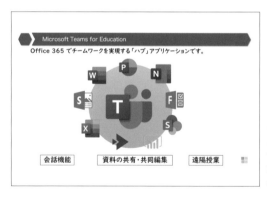

日本マイクロソフト「はじめてのTeams1_1.Teams」より引用
https://youtu.be/aRZ6Y0qFNXE

Teams for Educationは、自宅から学校を遠隔で接続するようなオンライン授業だけでなく、教室での日常的な学習や部活動などさまざまな場面で活用できます。GIGAスクール構想における学びで大切にされていることは、学習者が文具のように端末を活用できるようになることです。たとえば1人1台端末やTeams for Educationがない環境では、教室で発言することに自信を持てない児童は、意見を共有することが困難でした。しかし、これらの環境が整うことによって、すべての子どもが発信する機会を作ることができます。Teams for Educationは、さまざまなコミュニケーションを実現できる文具として、多くの教室で活用されてきています。

② 教育向けアプリとの違い

「Microsoft Teams」について

Teams for Education の も と で あ る「Microsoft Teams」は、企業向けのアプリケーションです。業務効率化だけでなく、リモートワークの移行によって普及してきています。2021年には、家族や友人などと連絡するための個人向けTeams もリリースされました。

https://www.microsoft.com/ja-jp/microsoft-teams/group-chat-software

Teams for Education は、単なる教育向けアプリではなく、業務効率化としての「Microsoft Teams」がもととなっています。このことから、教師や学習者目線に立つと「いろいろな機能があって使いづらい」と捉えられてしまうことが多くあります。

しかし、Teams for Education がほかの教育向けアプリと比べて大きな強みとなることは、1つのアプリだけで、チャットなどのコミュニケーションから、ファイル編集・共有までができてしまうということです。よって、教師や学習者が必要感を持った機能から使い始めていく心構えが大切です。

とくにはじめに理解しておくべきことが、Teams for Education が「組織」「チーム」「チャネル」という階層から成り立っていることです。これを踏まえると、より豊かなオンラインでのコミュニケーションを実現することができます。

▶「組織」

Teams for Education のもっとも上の階層です。各教育委員会がアカウントを発行していることから、「〇〇県」や「〇〇市」のように、自治体が基本単位になっていることが一般的です。

▶「チーム」

メンバーを招待して交流する範囲を決めることができます。具体的には、「3年1組」などと学級単位で分類されていることが多いです。ほかにも「教職員」などと校務の単位で分けたり、「3年1組保護者」などと保護者の単位で分けたりすることもできます。

補足

組織・チーム・チャネルの階層

Teams for Education の階層は、大きい順に組織＞チーム＞チャネルとなっています。これをたとえると、「組織＝土地」「家＝チーム」「部屋＝チャネル」のようなものです。この階層構造は、学級内や教職員間などで、豊かにコミュニケーションを行うことが可能となるしくみとなっています。

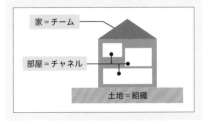

▶「チャネル」

チーム内で話題を分けることができます。「一般」というチャネルが自動的にできますが、それ以外にも「国語」「算数」などと教科ごとで複数作成することができます。

③ 日常的に活用できるメリット

学校でのデジタル機器の利用状況

OECD（経済協力開発機構）によって、「PISA」と呼ばれる国際的な学習到達度に関する調査が進められています。この2018年調査の「1週間のうち、教室の授業でデジタル機器を利用する時間」という項目について、日本はOECD加盟国中最下位という結果が出ました。

その後GIGAスクール構想が始まり、日常の授業において1人1台端末を活用することが進められています。

学校外でのデジタル機器の利用状況

PISAの2018年調査には、「学校外での平日のデジタル機器の利用状況」の項目もありました。「ネット上でチャットをする」「1人用ゲームで遊ぶ」「多人数オンラインゲームで遊ぶ」については、他国と比較して利用頻度の高い生徒の割合が高い結果となりました。以上から、日常で端末を活用することは、娯楽として消費している印象を持つ人が強いことがうかがえます。

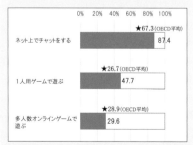

	0% 20% 40% 60% 80% 100%
ネット上でチャットをする	★67.3(OECD平均) / 87.4
1人用ゲームで遊ぶ	★26.7(OECD平均) / 47.7
多人数オンラインゲームで遊ぶ	★28.9(OECD平均) / 29.6

国立教育政策研究所「OECD生徒の学習到達度調査（PISA）」より引用
https://www.nier.go.jp/kokusai/pisa/index.html

Teams for Educationを、学校生活で日常的に活用することで、学習内容にかかわらず、次のようなメリットが生まれます。

まず、「時間的制約」を超えることができます。Teams for Educationに学習の記録が残るため、時間が経ってもすぐに情報を参照できます。また、都合のよい時間に投稿すれば、時間を合わせずに交流することができます。そして、「空間的制約」を超えることができます。教室でも自宅でも、同じ情報にアクセスできます。

こうしたメリットを踏まえると、次のような活用例が考えられます。なお、詳しい内容は、第6章を参照してください。

▶ ノートと意見交換

学習者がタイピングやデジタルペンなどを活用してデジタルのノートに記録したデータを、容易に学習者間で共有できます。従来のように紙のノートで記録した学習者も、端末のカメラ機能で紙のノートの写真を撮影して、Teams for Educationに投稿すれば、学習者どうしで意見交換が行えます。

▶ 教師の板書記録

GIGAスクール構想時代においても、教師にとって黒板というメディアの活用可能性はあるはずです。この板書記録も、学習者が必要に応じて写真を撮影し、Teams for Educationに投稿すれば、記録として蓄積することができます。欠席した場合でも、容易に確認が可能です。

▶ 係活動・委員会活動

学習者がクラスの生活をよりよくするために「新聞係」などを企画したり、学校生活を支えるために「放送委員会」などに所属したりします。活動の過程で、アンケートフォームを使用して情報収集したり、制作物を共有したりするとき、Teams for Educationをプラットフォームとして有効活用できます。

▶ 部活動・クラブ活動

部活動やクラブ活動において、顧問や学習者間で各種連絡調整を行う際にも、Teams for Educationが活用できます。プライベートで使用しているSNSやメッセージツールを用いずに、セキュリティ対策などを講じることも可能となり、組織内で公式な形で利用することができます。

④ 教育向け特有の機能

1

Teams for Education の基本を知ろう

✏️ 補足

「学生」「教職員」の違い

教育向け特有の機能では、「学生」と「教職員」とで利用できる内容が異なります。その設定は、Teams for Education でチームにメンバーを追加するときに行います（104 ページ参照）。

```
R4_5年1組にメンバーを追加
学生   教職員

小池 翔太

   小池 翔太
   T55
```

✏️ 補足

Teams for Education の アップデート

Teams for Education がリリースされて以降、さまざまな新機能が追加されています。新機能の例として、学習者が自分の気持ちを教師に伝えて量的なデータとして表す「Reflect（リフレクト）」、「課題」機能における AI による「音読の練習（Reading Progress）」などがあります（137、150 ページ参照）。

```
🔵 反映                                    ×
教師には自分の名前と反映が表示され、クラスメートには自分の名前は表示されません。

今日の気分はどうですか？
8月20日   Riley Johnson より   午後 5 時に閉じます

😊                                            29% (8)
Aaron Gonzales, Christie Cline, Darius Banks, Grace Taylor, その他 4 人 ›

🙂                                            36% (10)
Ashley Schroeder, Brandon Stuart, Michael Peltier, その他 7 人 ›

😐                                            14% (4)
Briana Hernandez, Gabriel Diaz, Kayla Lewis, Wesley Brooks ›

😕                                            11% (3)
Corey Gray, Isabel Garcia, Nathen Rigby ›

😣                                            7% (2)
Natasha Jones, Sydney Mattos ›

😫                                            3% (1)
Albert Forbes ›

                                          完了
```

「Microsoft Education help & learning」より引用 https://support.microsoft.com/en-us/education

---

Teams for Education が企業向けの「Microsoft Teams」と異なる名前である理由の 1 つは、教育向け特有の機能が搭載されているためです。第 4 章で具体的に紹介する基本的な内容について、以下に紹介します。

▶ 「チームの種類」

通常の「Microsoft Teams」とは異なり、チームを作成をする際に、次の 4 つの「チームの種類」を選ぶことができます。種類に応じて、教育向け特有の機能が自動的に設定されます。

- ・「クラス」
  主に児童生徒などの学習者での利用を目的としたもの。
- ・「プロフェッショナルラーニングコミュニティ（PLC）」
  教員間での校務としての利用を目的としたもの。
- ・「スタッフ」
  職員も含めた校務としての利用を目的としたもの。
- ・「その他」
  クラブ、研究会、課外活動での利用を目的としたもの。

▶ 「Class Notebook」

デジタルノートアプリ「Microsoft OneNote」の教育向けです。チーム単位でデジタルノートが作成されて、学習者間で共同編集したり、教師から学習者へデジタルノートを配布したりすることができます。

▶ 「課題」「成績」

教師から学習者に向けて、提出期限やルーブリックによる評価を設定した「課題」という機能が利用できます。教師は、学習者から提出された「課題」に対して効率的に採点を行い、返却することができます。それらの履歴について、教師は「成績」という機能で一覧を確認することが可能です。

▶ 「Insights」

学習者が Teams for Education にアクセスした時間や投稿数などのデータが可視化された「Insights（インサイツ）」を利用できます。このデータは、教師として設定されたアカウントのみが閲覧可能です。

02 Teams for Educationと クラウド

ここで学ぶこと

・クラウド
・プラットフォーム
　アプリ

Teams for Educationは、サインインすればどのような端末でもまったく同じ環境で利用できます。さらに、多様なアプリをTeams for Educationを中心に活用できます。そのしくみやさまざまなアプリの特徴を確認しましょう。

① Teamsにおけるクラウドの考え方

解説
「Office 365 Education」と「Microsoft 365 Education」との違い

「Office 365 Education」は、より幅広いサービスの「Microsoft 365 Education」の中の一部という関係にあります。以下は、「Microsoft 365 Education」の構成です。

Office 365	Windows 11 Education
Enterprise Mobility + Security	Minecraft Education Edition

解説
「Microsoft 365 Education」のライセンス種類

「Office 365 Education」と同様に、「A1」「A3」「A5」というライセンスの種類がありますが、構成されるソフトウェアには違いがあります。

Microsoft「Microsoft 365 Educationを構成する製品群」より引用
https://www.microsoft.com/ja-jp/biz/education/highschool-microsoft-365-education.aspx

Teams for Educationは、教育機関に向けたクラウドサービス「Office 365 Education」「Microsoft 365 Education」の一部として利用することができます。クラウドサービスとは、インターネットを経由してファイルやデータを共有できる機能のことです。

公立校であれば自治体などが、国立・私立校であれば大学や事務などが同サービスを契約して、教職員や学習者の人数分のユーザーアカウントが学校単位で交付することが考えられます。

このアカウントを日常的に所有して利用できる権限があれば、教職員や学習者は、自宅の端末や個人所有のスマートフォンなどでサインインすることで、複数端末でまったく同じ環境での利用が可能となります。

「Office 365 Education」の料金プランは以下の通りです。それぞれ利用できるアプリやサービス、機能などに違いがあるため、詳細は公式サイトを参照してください。

なお、一般的なサブスクリプションサービス名であった「Office 365」は、「Microsoft 365」と名称が変更されましたが、教育機関向けの「Office 365 Education」という名称は継続して利用されています。

	Office 365 A1	Office 365 A3	Office 365 A5
教職員用	無料 (1回限りの購入)	350円(税抜) ユーザー／月 (年間契約)	870円(税抜) ユーザー／月 (年間契約)
学生用	無料 (1回限りの購入)	270円(税抜) ユーザー／月 (年間契約)	650円(税抜)ユーザー／月 (年間契約)

https://www.microsoft.com/ja-jp/microsoft-365/academic/compare-office-365-education-plans?activetab=tab:primaryr2

② プラットフォームアプリ

補足

マイクロソフトの さまざまなアプリの例

- **Microsoft Word**
  文書作成
- **Microsoft Excel**
  表計算シート
- **Microsoft PowerPoint**
  プレゼンテーション
- **Microsoft Forms**
  アンケート
- **Microsoft OneDrive**
  個人ファイル共有
- **Microsoft SharePoint**
  組織ファイル共有
- **Microsoft Sway**
  プレゼンやWebページ作成
- **Microsoft Stream**
  組織内での動画共有

補足

Teams for Educationで 利用できる外部アプリ

「Office 365 Education」「Microsoft 365 Education」のアプリ以外の、外部の他社アプリも連携して活用することもできます。たとえば動画共有サイト「YouTube」や、PDF関係アプリ「Adobe Acrobat」などと連携することができます。

Teams for Educationは、マイクロソフトのさまざまなアプリをつないだハブであるため、学習者が作業を行う際にいちばんはじめに起動されることが多くあります。

そして、WordやExcel、PowerPointなどといった、従来ではデスクトップアプリで個々が使用していたものも、Teamsの画面の中で、かつ複数ユーザーで同時共有しながら使用できるようになっています。

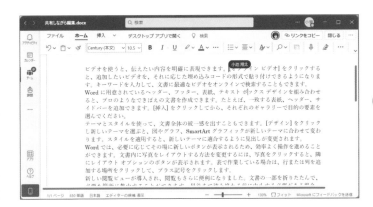

このようにTeams for Educationをプラットフォームとして活用できるマイクロソフトのアプリには、次のような例と特徴があります。「Office 365 Education」「Microsoft 365 Education」で利用できるアプリのほとんどはTeams for Education上でも活用できますが、次の内容は教育機関でもとくに利用機会が多いアプリです。

アプリの例 （省略表記）	できること
Word	印刷する文書の作成
Excel	表計算シートの作成
PowerPoint	プレゼンテーション資料の作成
OneNote （Class Notebook）	デジタルノートの作成・共有 （チーム内での共同編集など）
Forms	アンケートフォームの作成・共有
OneDrive	個人内のファイルの共有
SharePoint	組織内のファイルの共有
Sway	プレゼン・Webページの作成
Stream	組織内での動画共有
Flipgrid	短時間動画の共有ならびに交流

Teams for Educationで実現する学び

ここで学ぶこと

- デジタル・トランスフォーメーション(DX)
- 学びのDX
- 情報活用能力

従来の学校教育における学びと、Teams for Educationの活用で実現する学びには、どのような違いがあるのでしょうか。先述までのGIGAスクール構想の実現について、政策的な観点で具体的に考えましょう。

① 社会における「デジタル・トランスフォーメーション(DX)」

🔍 重要用語

デジタル・トランスフォーメーション（DX：ディーエックス）

総務省による情報通信白書令和3年版において、以下のように説明されています。

> 「デジタル・トランスフォーメーション」という概念は、2004年にスウェーデンのウメオ大学のエリック・ストルターマン教授によって提唱された。

> 教授の定義によると、「ICTの浸透が人々の生活をあらゆる面でより良い方向に変化させること」とされている。

さまざまな業界で使用されることが多く、定義も用語ですが、「トランスフォーメーション」という言葉の通り、ICTによって生活が変革しているということを理解することが大切です。

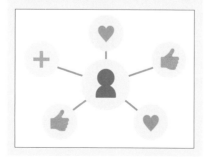

現代社会においては、単にモノがデジタル化するだけでなく、デジタル技術の活用によって、社会制度や組織文化などさえも変革するような取り組みが進んでいます。こうした概念のことを、「デジタル・トランスフォーメーション（Digital Transformation ／ DX：ディーエックス）」といいます。

デジタル・トランスフォーメーション（DX）について、私たちの生活に即して、具体例で考えてみましょう。ここでは「カメラ」を例にしてみます。

2000年前後、それまで使われていたフィルムカメラから、デジタルカメラが使われるようになりました。また、写真データをコンピューターに保存したり、メールで送受信したりすることもできました。こうしたデジタル技術の進歩は、当時にとっては画期的なことでした。

しかし、この段階ではモノがデジタル化したり、デジタル情報に付加価値が創出されたに過ぎません。現代においては、スマートフォンのカメラ機能で撮影した写真を、SNS（ソーシャル・ネットワーキング・サービス）で世界中に共有したり、クラウド上に自動保存したり、AI（人工知能）によって瞬時に画像検索をしたりすることができます。

企業においてTeamsが活用されることについても、マイクロソフトは「各企業のDX推進に不可欠な『業務環境のオンライン化』『業務プロセスのデジタル化』のベースとなりえます」と説明しています[※]。

※ Microsoft「DX（デジタル トランスフォーメーション）とは？ すすめることの意味や重要性
https://www.microsoft.com/ja-jp/biz/smb/column-what-is-dx.aspx

② GIGA スクール構想が目指す「学びの DX」

重要用語

StuDX Style
（スタディーエックススタイル）

文部科学省が全国の教育委員会・学校における「学びの DX」を支援するために、情報発信・共有を行っている取り組みのことです。「"すぐにでも""どの教科でも""誰でも"活かせる1人1台端末の活用シーン」をコンセプトにして、豊富な実践事例や教材をもとに紹介しています。「学びの DX」の第一歩を踏み出すにあたって、どのような実践をすればよいかと悩んでいる先生にとって、必見のWeb サイトです。

https://www.mext.go.jp/studxstyle/

文部科学省は、先述の GIGA スクール構想の実現を通して、下図のような「学びの DX」を目指しています。上部にあるように「端末を「文房具」としてフル活用した学校教育活動の展開」をするために、具体的な取り組み例を示しています。

1つ目に「学習者用デジタル教科書の活用」。これまで学校教育におけるデジタル教科書の活用は、指導者用のデジタル教科書を、電子黒板などに映す方法が多くありました。学習者に1人1台端末が配布された今、学習者のデジタル教科書も DX 化が求められています。ただし、学習者用デジタル教科書単体で、授業を行うことは難しいです。Teams for Education と組み合わせた実践例は、第5章で紹介します。

2つ目に「様々なデジタル教材の活用」。Teams for Education をハブ（中核）にして、さまざまな Microsoft365 アプリケーションを活用することで実現できます。詳しい組み合わせの方法と、授業や校務での活用例については、第3章で紹介します。

3つ目に「学習履歴等を活用したきめ細かい指導の充実や学習の改善」。Teams for Education には、17 ページでも紹介したように、教育向け特有のさまざまな機能があります。とくに「Insights」というデータ可視化ツールについては、指導と評価を一体化するためにも活用する可能性があります。128 〜 130 ページに、その機能を詳しく紹介します。

**端末を「文房具」としてフル活用した
学校教育活動の展開**

・学習の基盤となる情報活用能力の育成
・動画や音声も活用し、児童生徒の興味を喚起、理解促進
・情報の収集・分析、まとめ・表現などによる探究的な学習の効果的な推進
・障害のある児童生徒の障害の特性に応じたきめ細かな指導・支援の充実など多様なニーズへの対応
・板書や採点・集計の効率化などを通じた学校の働き方改革

学習者用デジタル教科書の活用	→
様々なデジタル教材の活用	→
学習履歴等を活用した きめ細かい指導の充実や学習の改善	→

中山間地域の学校における遠隔授業の活用、海外の学校との交流学習、大学や企業などと連携した学習、地域の機関や外部人材と連携した学習、不登校児童生徒に対する学習指導、病気療養児に対する学習指導、臨時休業時におけるオンラインを含む家庭学習　など

発達段階に応じて遠隔・オンライン教育も積極的に活用

すべての子どもたちの可能性を引き出す、個別最適な学びと、協働的な学びを実現

文部科学省初等中等教育局情報教育・外国語教育課「GIGA スクール構想の実現について」をもとに作成
https://www.mext.go.jp/content/20210608-mxt_jogai01-000015850_003.pdf

③ 学習の基盤となる資質・能力としての「情報活用能力」

情報活用能力

小・中・高等学校の学習指導要領解説では、以下のようにさらに詳しく説明されています。

> 学習活動において必要に応じてコンピュータ等の情報手段を適切に用いて情報を得たり、情報を整理・比較したり、得られた情報をわかりやすく発信・伝達したり、必要に応じて保存・共有したりといったことができる力であり、さらに、このような学習活動を遂行する上で必要となる情報手段の基本的な操作の習得や、プログラミング的思考、情報モラル、情報セキュリティ、統計等に関する資質・能力等も含むものである

社会においてデジタル・トランスフォーメーションが進んでいること同様、学校においてもデジタル・トランスフォーメーションを進めていき、学習者にその資質・能力を育成することが目指されていることがわかります。

21ページの「学びのDX」の図中にあるように、学習者には「情報活用能力」という資質・能力の育成が目指されています。「情報活用能力」は、1986年の臨時教育審議会第二次答申で初めて示されました。その後、小学校で2020年度から、中学校で2021年度から、高等学校で2022年度から実施された新学習指導要領の総則において、言語能力や問題発見・解決能力と同様に、情報活用能力が「学習の基盤となる資質・能力」として位置づけられました。小・中・高等学校で共通して、以下のように明記されています。

> 各学校においては、児童（生徒）の発達の段階を考慮し、言語能力、情報活用能力（情報モラルを含む。）、問題発見・解決能力等の学習の基盤となる資質・能力を育成していくことができるよう、各教科等の特質を生かし、教科等横断的な視点から教育課程の編成を図るものとする。

こうした情報活用能力の育成のために、小学校段階では、タイピングなどの基本的な操作を習得するための学習活動や、プログラミングを体験する学習活動を計画的に実施することも示されています。具体的な情報活用能力の要素は、文部科学省『学習の基盤となる資質・能力としての情報活用能力の育成』において、以下表のようにまとめられています。これは、新学習指導要領の資質・能力の3つの柱である「知識及び技能」「思考力、判断力、表現力等」「学びに向かう力、人間性等」に基づいて分類されています。

分類		
A. 知識および技能	1　情報と情報技術を適切に活用するための知識と技能	①情報技術に関する技能 ②情報と情報技術の特性の理解 ③記号の組合せ方の理解
	2　問題解決・探求における情報活用の方法の理解	①情報収集、整理、分析、表現、発信の理解 ②情報活用の計画や評価・改善のための理論や方法の理解
	3　情報モラル・セキュリティなどについての理解	①情報技術の役割・影響の理解 ②情報モラル・情報セキュリティの理解
B. 思考力、判断力、表現力等	1　問題解決・探究における情報を活用する力（プログラミング的思考・情報モラル・情報セキュリティを含む）	事象を情報とその結び付きの視点から捉え、情報及び情報技術を適切かつ効果的に活用し、問題を発見・解決し、自分の考えを形成していく力 ①必要な情報を収集、整理、分析、表現する力 ②新たな意味や価値を創造する力 ③受け手の状況を踏まえて発信する力 ④自らの情報活用を評価・改善する力
C. 学びに向かう力、人間性等	1　問題解決・探究における情報活用の態度	①多角的に情報を検討しようとする態度 ②試行錯誤し、計画や改善しようとする態度
	2　情報モラル・情報セキュリティなどについての態度	①責任をもって適切に情報を扱おうとする態度 ②情報社会に参画しようとする態度

④ カリキュラム・マネジメントによる情報活用能力の育成

🔍 重要用語

カリキュラム・マネジメント

2016年12月21日の中央教育審議会答申においては、次の３つの側面があると示しています。

① 各教科等の教育内容を相互の関係で捉え、学校教育目標を踏まえた教科等横断的な視点で、その目標の達成に必要な教育の内容を組織的に配列していくこと。

② 教育内容の質の向上に向けて、子供たちの姿や地域の現状等に関する調査や各種データ等に基づき、教育課程を編成し、実施し、評価して改善を図る一連のPDCAサイクルを確立すること。

③ 教育内容と、教育活動に必要な人的・物的資源等を、地域等の外部の資源も含めて活用しながら効果的に組み合わせること。

情報活用能力が学習の基盤となる資質・能力であることから、その育成のためには各教科などの特質に応じて適切な学習場面で育成を図ることが必要となります。とくに小・中学校には「情報科」という教科がないために、教科等横断的な視点でカリキュラム（教育課程）を組む必要があります。

このようにカリキュラムの編成、実施、評価、改善を計画的かつ組織的に進め、教育の質を高めていくことを「カリキュラム・マネジメント」といいます。文部科学省は、情報活用能力育成のためのカリキュラム・マネジメントモデルを示しています。長期的な視点でカリキュラム・マネジメントを捉えるために、「準備期」「実践期」「改善期」の３つの期で整理しています。

Teams for Educationが学習のプラットフォームとして日常化することで、カリキュラム・マネジメントは効果的に機能するはずです。たとえば「○年○組」というチームを作り、各教科などのチャネルで分類すれば、教科担任制を敷いている学年段階でも、自身が担当しない各教科の授業内容を確認できます。さらに、学習者自身も「国語で学習したポスター制作を、社会科のまとめでも活用しよう」などのように、Teamsをベースとして育成した情報活用能力を、他場面で主体的に発揮できるようになるかもしれません。

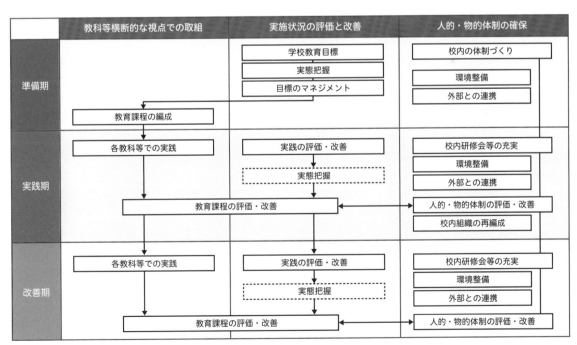

22、23ページともに文部科学省「学習の基盤となる資質・能力としての情報活用能力の育成」をもとに作成
https://www.mext.go.jp/content/20201002-mxt_jogai01-100003163_1.pdf

Section

04 Teams for Educationが使える端末と利用環境の特徴

ここで学ぶこと

・デスクトップ版
・ブラウザー版
・モバイル版

クラウドサービスである Teams for Education は、複数端末でまったく同じ環境で利用可能です。ただし、利用する端末や利用環境によって、利用できる機能に多少の違いがあります。それぞれの特徴を紹介します。

① どの端末でも利用できる

補足

GIGA スクール構想下での端末OSと Teams for Education

GIGA スクール構想によって、iPad や Chromebook が導入された自治体においても、Microsoft 365 アカウントが交付されることによって、ブラウザー版やモバイル版からTeams for Educationは利用することができます。なお、本書においては、Windows 11 における Teams for Education の画面をもとに解説していきます。25 ページで紹介するように、ブラウザー版、モバイル版では、画面の見え方や利用できない機能が一部ありますが、適宜読み替えていただくことで、本書をもとにしたTeams for Education の活用について考えることができます。

補足

モバイル版のインストール

iPad や iPhone、Android のブラウザーで Teams を利用しようとした場合はモバイル版のインストールをするように求める画面が表示されます。

クラウドサービスである Teams for Education は、前述の通り複数端末でまったく同じ環境で利用可能です。利用環境には、次の3通りがあります。

デスクトップ版

パソコンでアプリをインストールできる環境で利用可能

ブラウザー版

Microsoft Edge、Google Chrome、Firefox、Safari などのブラウザーで利用可能（スマートフォンを除く）

モバイル版

スマートフォンやタブレットの OS 専用のアプリをインストールできる環境で利用可能

具体的な OS による違いは、下表のようにまとめられます。

	OS・端末	デスクトップ版	ブラウザー版	モバイル版
コンピューター	Windows	○	○	×
	Mac	○	○	×
	Chromebook	×	○	○
タブレット・スマートフォン	iPadOS iOS Android	×	×	○

② デスクトップ版、ブラウザー版、モバイル版の違い

注意

学校などでのモバイル版の使用制限

自治体などによっては、教員が個人所有している端末で配布されたアカウントでサインインすることについて、制限をかけていることもあります。Teams for Educationを使い慣れていくと、「モバイル版を利用して、いち早く通知を確認したい」などの希望も出てくるはずです。まずは、各地域の規則を遵守していきましょう。そして、全教員で校務などで利用していく中で、活用事例が創出されたりリテラシーが高まったりしてきた段階で、徐々に規制解除に向けた議論を進めていきましょう。

補足

ブラウザー版、モバイル版における機能の制限

ブラウザー版、モバイル版では、以前であればビデオ会議の際の背景ぼかしや背景変更ができませんでした。しかし、端末やアプリケーションの種類、バージョンアップなどによって、徐々にその機能制限がなくなってきて、デスクトップ版同様に使えることも増えてきています。ただし、ビデオ会議において、少人数で話し合いをするためのブレークアウトルーム（180〜181ページ参照）など、一部機能は現段階でも使えない状況です。こうした機能面の違いについては、Teams for Educationを使い始める前に理解しておく必要はありません。使い慣れていく中で、それぞれのよさや課題に気づくことができるはずです。そうした際に、デスクトップ版、ブラウザー版、モバイル版の機能面の違いを、自分の手元にある端末を使って試してみて、必要に応じて使い分けるという心構えを持っていきましょう。

デスクトップ版のTeams for Educationは、契約しているライセンスに従って、ほぼすべての機能を利用することができます。アプリをインストールして利用するため、GIGAスクール構想で導入されたスペックの端末では、動作が重く感じられることがありますが、オフラインでも利用できたり、コンピューターを起動したらすぐに使えたりすることが大きなメリットとして挙げられます。

他方、ブラウザー版は一部機能の制限はありますが、アプリのインストールをせず、すぐに利用することができます。さらに、複数のMicrosoft 365アカウントを所有している場合、ブラウザーに紐づくアカウントを変更すれば、都度切り替えずに常時サインインして利用できるメリットもあります。

モバイル版は、利用できる機能についてさらに制限がありますが、投稿の通知がすぐに手元に届いて気づくことができるのは、大きなメリットです。また、1つのアプリで複数のアカウントに同時サインインができるので、見逃しを防止するには必須といえます。

1 モバイル版で自分のプロフィールアイコンをタップします。

2 複数のアカウントで同時にサインインできていることが確認できます。

ここで学ぶこと

- ・メッセンジャー アプリ
- ・デジタル・ シティズンシップ

Teams for Education を活用することで、学習者が学校でもオンラインでコミュニケーションを行うことができます。教師として、コミュニケーションを促すために必要な心構えや注意点について紹介します。

① まずはメッセンジャーアプリとほぼ同じと捉える

 補足

チャットの機能制限

Teams for Educationを利用できる自治体の多くは、「個人対個人」で使用できるチャットの機能をあらかじめ制限していることが多くあります。その大きな理由は、教師不在で学習者間の閉じた環境でやり取りをすることによって、いじめなどのトラブルに発展すると考えられるためです。「メッセンジャーアプリとほぼ同じと捉える」と考えると、一見矛盾するかもしれませんが、「チーム（学級内）を1つのグループとして、チャットのやり取りをする」と捉えることも可能です。こうしたオンラインでのコミュニケーションを日常的に行うことは、従来の学校教育におけるICT活用ではなかなか行われてこなかった分野だといえます。

私たちの日常生活において、LINEなどのメッセンジャーアプリは、インフラといってよいほど欠かせないものとなってきています。そのような中とはなりますが、その特徴的な機能を確認しましょう。

第一に、メッセンジャーアプリは電話と異なり、お互いに時間を合わせなくても必要なときにテキストで連絡が取り合えます。第二に、メールと異なり、自分が送信したテキストを相手が読んだかどうかの既読確認ができます。第三に、テキストや音声だけでなく、スタンプなどを使って多様なコミュニケーションができます。第四に、グループ機能を使って、メンバーを追加して複数人数で同時にコミュニケーションができます。

これまで述べてきたように、Teams for Educationについても、学校生活で日常的に活用することが前提としてあります。よって、その具体的な方法を本書で考えていくにあたってまず重要なことは、教師が「メッセンジャーアプリとほぼ同じ」と捉えることです。

Teams for Educationの機能のうち、「ビデオ会議」が中心という印象を持たれる方が多いと考えられます。この理由は、コロナ禍におけるオンライン授業やリモート会議の文脈において、Teamsの活用が第一に考えられたことに起因するためです。

Teams for Educationのもっとも大きな特徴は、メッセンジャーアプリと同様、投稿やチャット機能での非同期型のコミュニケーションにあります。Teams for Educationの活用の第一歩として、そのような心構えを持っていきましょう。

② はじめからすべての機能を使いこなす必要はない

補足

**ICT初学者の人への
Teams for Education活用の伝え方**

200～203ページでも、ICT初学者の人
へのTeams for Education活用の伝え方
を紹介しています。

読者の方々のうち、LINEなどのメッセンジャーアプリを初めて使う
ときに、説明書を読みながら操作するという経験はほとんどなかった
のではないでしょうか。これまでであれば、情報機器を購入した際、
冊子のような説明書が封入されていることが多くありました。しかし、
近年スマートフォンなどの情報機器を購入した際、そうした説明書の
類はほとんどないのが現状となっています。

このように「説明書を読まなくても操作ができる」ようになった要因
は、いうまでもなくスマートフォンをはじめとした情報機器の操作性
が向上したことにあります。これは、乳幼児がスマートフォンやタブ
レット端末を直感的に操作できることも、1つの大きな根拠としてい
えるでしょう。

さらにいうと、「はじめからすべての機能を使いこなせるようになる
必要はない」ということもあります。LINEなどのメッセンジャーア
プリを使い始める段階でも、まずはテキストでのやり取りが中心だっ
たはずです。そして慣れてきた段階で、スタンプを入手して送ってみ
たり、グループに参加したりしてきたはずです。この過程においても、
おそらく、説明書を読まずに、人から聞いたり自分で試したりなどし
て、できるようになったはずです。

26ページの「まずはメッセンジャーアプリとほぼ同じと捉える」とい
うことは、こうした操作に慣れていく段階でもいえます。まさに「習
うより慣れろ」という精神で、人と人とがオンラインでコミュニケー
ションできる感動体験を、教師も学習者も一緒になって味わっていく
ことが理想的です。

本書においても、筆者が現役小学校教諭であるという立場を生かして、
類書のような1つ1つの操作方法の説明を丁寧に行うよりも、学校の
授業や校務において、どのようにTeams for Educationでコミュニ
ケーションが行えるかということを重視して、解説していきます。

重要用語

ユーザーインターフェース（UI）

デジタル大辞泉によれば、「使用者がコン
ピューターを操作するうえでの環境。ま
た、扱いやすさや、操作感」と定義され
ています。「User Interface」の頭文字か
ら「UI」ともいわれます。スマートフォン
やタブレット端末などのタッチ画面の情
報機器が登場したことによって、こうし
たユーザーインターフェースは、非常に
洗練されてきたと考えられます。

③ 公的なやり取りのデジタル化

🔍 重要用語

デジタル・タトゥー

デジタルという言葉に、刺青であるタトゥーという言葉を組み合わせた造語です。つまり、一度インターネット上に書き込まれて拡散されたコメントなどは、消す方法がなく、刺青のように半永久的に残ってしまうということを意味します。Teams for Educationを活用する文脈では、組織内で守られる形で投稿することができますが、オンライン上でのコミュニケーションを学ぶうえで、学習者に理解させる必要がある概念であるといえます。

学習者にとって、私的なやり取りをオンラインで行うことは、メッセンジャーアプリやSNSなどでよくあることだと考えられます。しかし、公的なやり取りがデジタル化され、コミュニケーションを取っていくという経験は、GIGAスクール構想が開始される以前は、ほとんど考えられませんでした。

学校であれば、教室で対面している状況であるため、オンラインでコミュニケーションを取るということは、やや不自然といえるかもしれません。もちろん、コロナ禍の状況においては、教室に通わずに自宅からオンライン上でコミュニケーションをするということは考えられます。

しかし、教室に登校できるような場面であっても、次のようにTeams for Educationを活用してオンライン上でやり取りをする場面があります。

学習者⇒教師

・課題を提出するとき
・質問をするとき

学習者⇔学習者

・投稿に返信をするとき
・投稿にスタンプで反応するとき

このとき、私的なやり取りをオンラインで行う延長でコミュニケーションを取ってしまうと、敬語を使わないで投稿してしまったり、相手に必要以上に返信を求めてしまったりすることが考えられるでしょう。1980年代のパソコン通信がさかんだったころから、ネットワークを利用するうえでのマナーである「ネチケット」（「ネットワーク」と「エチケット」を組み合わせた造語）という言葉が使われるようになりました。こうした内容も、ツールの進歩によって変化しています。

GIGAスクール構想でTeams for Educationを日常的に活用するためには、こうした公的なやり取りをどのように行うか、という観点も重要な教育のポイントとなっていきます。

④ デジタル・シティズンシップ教育を進める

⚠️ **注意**

**デジタル・シティズンシップ教育の
推進とトラブルへの向き合い方**

デジタル・シティズンシップ教育の「デジタル生活を前提としたポジティブな教育」という考え方を表層的に捉えてしまうと、トラブルは起こり得ない、トラブルも許容するといった「性善説」として理解してしまうかもしれません。しかし、デジタル・シティズンシップ教育を推進する立場の研究者は、学習者の発達段階を踏まえて、学習環境を工夫する必要性があることも言及しています。Teams for Education を活用する中で起こる失敗について、「転ばぬ先の杖」として過剰に教師が規制をしたり監視をしたりするのではなく、「転んだときの支え」がすぐにできるようにしていく必要があります。

GIGA スクール構想の開始以降、国内では「デジタル・シティズンシップ教育」という概念が普及してきています。日本デジタル・シティズンシップ教育研究会は、以下のように説明をしています。

> デジタル・シティズンシップ教育は、欧米を中心に 2010 年代から普及したコンセプトです。それまでの利用制限・禁止を中心とした指導を転換し、テクノロジーのもつ積極的・社会的・道具的意義を認め、特に、オンライン・コミュニケーションによる安全な利用、シティズンシップとしての責任と尊重、自律と行動規範に基づく活用、多様性への寛容などが含まれ、子どもたちのデジタル生活を前提としたポジティブな教育のありかたとして注目されています。

JDiCE 日本デジタル・シティズンシップ教育研究会「研究会概要」より引用
https://www.jdice.org/?page_id=1489

このように、「デジタル社会におけるテクノロジーの善き使い手」を目指す取り組みは、今までの日本の学校教育で進められてきた概念ではなかったといえます。確かに、「デジタル生活を前提としたポジティブな教育」自体は、総合的な学習の時間における情報を題材とした探究的な学習などで行われてきた例はあるはずです。また、22 ページで紹介したような「情報活用能力」の育成という文脈においても、実践的に行われてきた例はあったはずです。

しかし、「デジタル・シティズンシップ教育」という概念があることによって、学校教育において Teams for Education を活用したコミュニケーションのあり方について、検討をするための示唆は与え得るものであると筆者は考えます。

つまり、Teams for Education を、教師の指示のもとで学習者が使うのではなく、「シティズンシップ」の名の通り、学習者が「市民」として社会をよりよくするために主体的に活用する、ということが目指されるべきということです。

Teams for Educationの基本構成

ここで学ぶこと

・アクティビティ
・チーム
・カレンダー

Teams for Educationは、1つの画面でアクティビティ（通知）を見たり、チームの一覧を確認したり、カレンダーを表示したりできます。この基本構成について確認していきましょう。

1 アクティビティ

📝 補足

「未読のみ」ボタン

「フィード」表示の場合に「オン」にすることで、自分が見逃している投稿やメンション（通知）のうち、未読のもののみ表示することができるようになります。

メニューバーから［アクティビティ］をクリックすると、左上に「フィード」と表示されます。通知の設定に応じて、最新の投稿やメンション（通知）に関する情報が一覧表示されます。

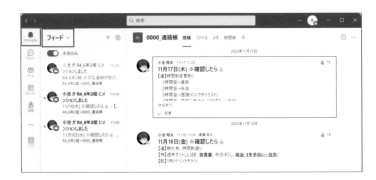

左上の「フィード」の✓をクリックすると、［マイアクティビティ］という項目を選択できます。「マイアクティビティ」に変更されると、自分が最近チームに投稿した内容などを、一覧で表示することができます。

🔍 重要用語

フィード

未読メッセージやメンション、返信、スタンプなどの一覧が時系列で表示されます。

② チャット

✏️ 補足

自分宛にメッセージを送る

自分自身へメモのような目的で、メッセージを送ることができます。複数端末を使っているときに便利な機能です。

⚠️ 注意

チャットが表示されない場合

チャット機能の規制の設定や解除は、基本的にアカウントの発行・交付元である自治体などが行えるようになっています。組織における「ポリシー」の設定については、209ページで紹介します。

相手を指定して、メッセージを送ることができます。ファイルや画像の送信もできます。ただし、自治体の設定によって規制されている場合は、この表示ができないようになっています。

③ チーム

⚠️ 注意

新しいチームの作成ができない場合

新しいチームの作成ができない場合も、上記同様、自治体などによって規制されていることが考えられます。

自分が所属しているチームの一覧を表示できます。また、新しいチームを作成したり、参加したりする場合も、こちらの画面から行えます。

④ カレンダー

補足

「稼働日」の表示

カレンダーの表示右上には、通常では「稼働日」という表示がされています。これは、土曜日・日曜日の予定が表示されない形式です。これらも表示したい場合は[稼働日]をクリックして「日」「週」などにし、変更しましょう。

新しい会議を始めたり、会議IDから会議に参加したりすることができます。また、会議に招待されていたり、Outlookのカレンダーに予定を設定したりしていると、その内容が表示されます。

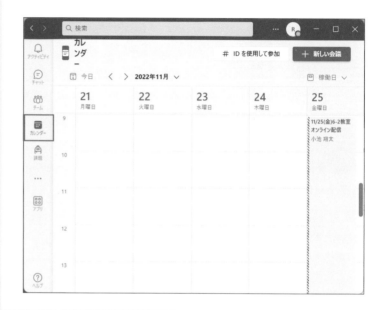

⑤ 課題

補足

課題の一覧が表示されない場合

右図では、「完了」した課題が2つあります。これは、教師から学習者へ課題を割り当てたあと、課題を済ませた場合に表示されます。こうした課題が表示されない場合は、新たに課題を作成したり割り当てたりする必要があります。

家庭向け、一般法人向け、大企業向けのTeamsには表示されない、Teams for Education特有の画面です。学習者に課題を提示して、提出させたり採点したり返却したりすることができます（114〜119ページ参照）。

第 **2** 章

Teams for Educationを利用しよう

Teams for Educationを利用しよう

▶ Teams for Educationがもたらす効果

いつでも、どこでも、交流できる

Teams for Educationは、教育機関に向けたクラウドサービスです。交付されたアカウントの利用権限と、自治体などの規則や方針に従うことが前提となりますが、自宅の端末や個人所有のスマートフォンなど、複数端末でまったく同じ環境での利用が可能となります。

オンライン上ですばやく気軽に交流できる

Teams for Educationがない教室で学習者間で意見交流するには、教室全体で発言したり、座席が近くの人と話し合ったり、黒板に書いて発表したり、ノートを見合ったりするなどの方法しか考えられませんでした。しかし、Teams for Educationが授業で導入できると、投稿した結果が手元にある1人1台端末に瞬時に表示されたり、自分が読んだときの気持ちをスタンプで伝えたり、座席が離れていても返信をして意見交換をしたりすることが可能となります。さらに、1つのファイルをリアルタイムで共同編集することもでき、話し合いをしながら効率的にデジタル上での資料作成に取り組むことも可能となります。

登校できなくても授業を受けられる

Teams for Educationには、ビデオ会議の機能もあります。自分自身は元気でも同居家族が体調不良だったり、入院中で登校できなかったり、教室へ行くことに不安を抱えていたりしても、教室とリアルタイムに接続して授業を受けることができます。

チームへの投稿	ファイルの共有	ビデオ会議
・投稿結果が瞬時に手元にある1人1台端末から読むことができる ・投稿を読んだときの気持ちをスタンプで伝えることができる ・座席が離れていても意見交換することができる ・連絡帳などの日常的な連絡を投稿して共有できる ・児童が主体となって、学級などへ連絡することができる	・リアルタイムで共同編集をすることができる ・資料に対する意見交換をすることができる ・資料の一覧をリンクで一覧化することができる ・印刷をしなくても、重要な文書をいつでも確認できる ・保護者へペーパーレスで文書を送信することができる	・自分自身は元気だが、同居家族が体調不良でも、自宅から授業を受けられる ・入院中で登校できなくても、病院から授業を受けられる ・教室へ行くことが不安でも、別室から授業を受けられる ・保護者が事情で学校へ行けなくても、自宅から保護者会や面談に参加することができる

▶ Teams for Education特有の便利さ

筆者が、ある公立学校で教育向けICTツールを活用した授業を参観したとき、学習者の姿で驚いたことがありました。それは、学習者が考えたことを1人1台端末の画面に記入させて、全員の画面を教室前方のディスプレイで比較したときに起こりました。ある学習者の画面は、ペン書きでグチャグチャにしたものだったのです。理由は定かではありませんが、自分の考えを全員に見られる自信がなかったのかもしれません。

Teams for Educationは「投稿」による交流が基本となるため、全員の意見を比較して可視化するということは得意としません。しかし、その「可視化のしづらさ」が、プラスに働くケースもあります。たとえば、ある学習者が「今は自分は発表せず、友達の意見をじっくり読みたい」と考えた場合に、その意見を尊重することができます。

Teams for Education特有の便利さは、教師が必要以上に学習者へ干渉せず、学習者自身の学び方や交流のペースをリスペクトできる点にあります。もちろん、教師が毎時間の授業で、学習者に対して資質・能力を確実に身につけさせたい場合、上述のような教育向けICTツールを使って、学習者に考えることを促したり、教室全体の意見をファシリテーションしたりしたいと考えることもあるかもしれません。

しかし、GIGAスクール構想によって目指される「学びのDX」には、「全ての子供たちの可能性を引き出す、個別最適な学びと、協働的な学びを実現」することが求められています。さらに、端末は「文房具」としてフル活用することが求められています。「先生がいったときにしか鉛筆は使ってはいけません」といった指示が、学習者にとって窮屈であることは、容易に理解できるはずです。小学校低学年児童などの低年齢の学習者であれば、学習規律を確実に身につけさせることは重要ですが、その規律は、徐々にほどいていく必要もあるはずです。

Teams for Educationのさらに優れている点は、投稿の見逃しを防止する機能を活用したり、自分自身のペースに合わせて通知の設定したり、大切なファイルをタブで固定して注目させたりすることができることにあります。ビジネスツールとして普及したものであるからこそ、1人1人のユーザー目線に立って、学びやすい環境を構築することができます。本章では、その基本的な利用について紹介していきます。

なお、本章以降では、OSがWindows 11、Teams for Educationのデスクトップ版の画面を例にして、利用の仕方を説明していきます。25ページで紹介したように、デスクトップ版とブラウザー版では、見た目に大きな変化はありません。ブラウザー版にあった機能制限も、バージョンアップによって少なくなりつつあります。MacやChromebookなどの端末を使っていたり、Microsoft EdgeやGoogle Chrome、Safari、Firefoxなどのブラウザーからアクセスしたりする場合でも、多少の画面表示の違いはありますが、基本的な操作を中心に参考にしてください。

07 | 基本操作を学ぼう

ここで学ぶこと

・チーム
・チャネル
・新しい投稿

Teams for Educationを初めて利用する人にとって、その画面や用語は一見複雑に感じられます。しかし、独自機能や用語を把握したうえで操作すれば、すぐに交流ができます。基本操作に慣れることから始めましょう。

① Teamsの画面構成

✏ 補足
Windows 11アプリでは [work or school] をクリック

Windows 11で「スタート」の画面からTeamsのアプリを選ぶ際に、下のように2種類が表示されます。個人用ではない、[Microsoft Teams (work or school)] をクリックしましょう。

✏ 補足
アプリ版とブラウザー版はほぼ同じ画面

アプリ版の左上 [操作を戻す] [操作を進む] は、ブラウザー版ではMicrosoft 365の各種アプリが選べる ▦ が表示されています。それ以外の画面構成は、ほとんど同じといえます。

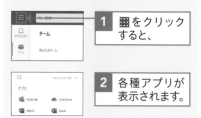

1 ▦をクリックすると、

2 各種アプリが表示されます。

▶ Teams for Educationの画面構成

操作を戻す・進む（アプリ版のみ）　検索　設定　プロフィールアイコンと管理

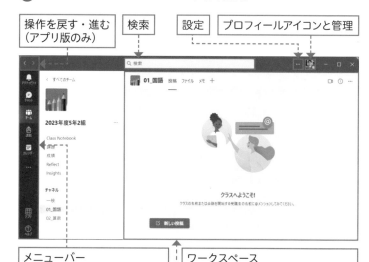

メニューバー
各機能をここから選択します。

ワークスペース
チャットや投稿を送信・確認します。

メニューバーの主な機能

・アクティビティ
通知の設定に応じて、最新の投稿やメンション（通知）に関する情報が表示されます。

・チャット
相手を指定して、チャットを送ることができます。ファイルや画像の送信もできます。

② チームにアクセスする

💬 解説

チームの作成権限

各教育委員会はアカウントの管理に加えて、チームの作成に関する管理も行っていることが多くあります。トラブル防止などの観点から、学生アカウントはもちろん、教職員アカウントでもチームを新しく作成できない場合もあります。ここでは、すでにチームに招待されている前提で、解説しています。

✏️ 補足

チームのアイコン設定

所属しているチームには、アイコンが自動設定されます。チームの所有者は、このアイコンを変更する権限があります。チームが表示されている際、アイコンにマウスポインターを合わせると、設定を変更できます。あらかじめデザインされたアイコンだけでなく、画像をアップロードすることも可能です。複数招待されているチームを見分けるためだけでなく、学習者がチームへの所属感を高めるためにも有効です。

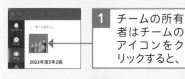

1 チームの所有者はチームのアイコンをクリックすると、

2 アイコンを変更できます。

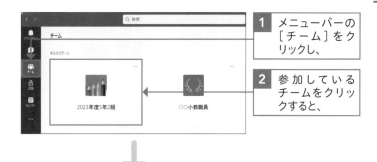

1 メニューバーの［チーム］をクリックし、

2 参加しているチームをクリックすると、

3 チームが表示されます。

▶ チームの表示順を変える

1 順番を変えたいチームをドラッグし、

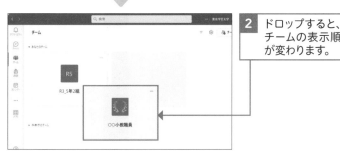

2 ドロップすると、チームの表示順が変わります。

③ チャネルにアクセスする

💬 解説

チーム内で話題を分ける 「チャネル」

他サービスとの関連で「チャンネル」といい間違えることもありますが、Teamsでは「チャネル」といいます。たとえば「2023年度5年1組」のようなチームがあった場合は、「連絡帳」「国語」「算数」のように、話題を教科ごとにチャネルで分けることが考えられます。組織、チーム、チャネルの階層については、15ページを参照してください。

⚠️ 注意

「一般」チャネルは変更不可

チームを作成すると、必ず「一般」というチャネルが最上部に表示されます。このチャネルに投稿されると、必ずメンバー全員に通知されます。そのため、作成したチャネルの話題に分類されない内容の場合に、活用するとよいでしょう。小学校低学年段階では「一般」という漢字や言葉は理解されづらいですが、使っていくうちに慣れてくると思われます。

✏️ 補足

「非表示チャネル」とは

108ページ以降で説明するように、チャネルを作成するときには、メンバーに自動的に表示されるか否かを、設定することができます。自動表示されない設定の場合、このように非表示チャネルという形式となります。Teamsの操作に慣れないうちは「どこにチャネルがあるのか」を見つけづらいかもしれません。しかし、「最低限必要なチャネルのみ表示できる設定がある」ことを理解できれば、非表示チャネルにも気づきやすくなるはずです。

---

1 チームが表示された画面で、目的のチャネルをクリックします。

▶ **目的のチャネルが見つからない場合**

1 ［○つの非表示チャネル］をクリックし、

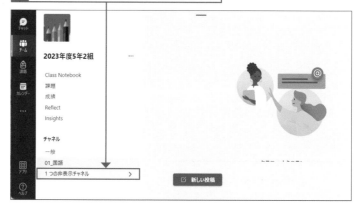

2 目的のチャネルをクリックすると、表示されます。

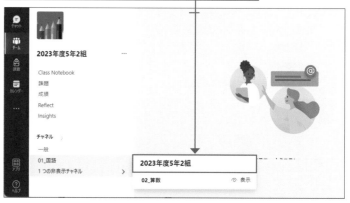

④ 新しい投稿を行う

💬 解説

すべての交流のスタートとなる「投稿」

Teams for Educationにおいて、もっとも重要な機能が、チームのメンバーどうしでのコミュニケーションです。この「投稿」が、すべての交流のスタートとなるといっても過言ではありません。コミュニケーショントラブルに発展することも想定できますが、初めて使う場合は、この投稿で交流することの可能性と楽しさを味わうことが大切だといえます。

⚠️ 注意

改行と送信の操作ミス

A✏ をクリックしなくても、入力してすぐに投稿をすることはできます。ただし、[Enter]を押してしまうと、その時点で送信してしまいます。初心者は「改行するはずだったのに送信してしまった」ということがよくあります。A✏ をクリックすると、[Enter]を押しても、改行されます。以下のようなショートカットキー（Windows）を使い分けられると便利です。

● A✏ をクリックしない場合
途中改行したいとき→[Shift]を押しながら[Enter]を押す

● A✏ をクリックした場合
送信したいとき→[Ctrl]を押しながら[Enter]を押す

⚠️ 注意

投稿した内容の編集と削除

一度投稿した内容を編集して修正したり、削除したりすることも可能です。しかし、管理設定によって、これらができない場合もあります。詳しい方法は、211ページ以降を参照してください。

1 目的のチャネルを表示した状態で、[新しい投稿]をクリックし、

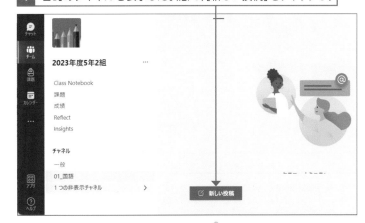

2 A✏ をクリックします。

3 「件名」を入力し、 **4** 必要に応じて装飾をして、

5 本文を入力したら、

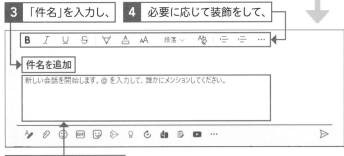

6 内容を確認して ▷ をクリックします。

Section

08 投稿へ反応しよう

ここで学ぶこと

・スタンプ
・返信
・メンション

Teams for Education では、一般的な SNS やメッセージアプリのように、さまざまな形で投稿に対する反応ができます。文字の入力に慣れていない段階の学習者は、スタンプを押すだけでも自分の思いを伝えられます。

① スタンプを押す

💡 ヒント

既読確認や投票としても使える

「読んだら「いいね！」を押す」などのルールを作れば、かんたんに既読確認をすることができます。また、「（投稿内容に対して）賛成の人は「いいね！」、反対の人は「びっくり」を押す」などとすれば、投票機能として活用することもできます。

⚠ 注意

スタンプをめぐるトラブル

低年齢の学習者だと、面白がって投稿に関係のないスタンプを押して、悪ふざけをしてしまうことが考えられます。それに対して、見過ごせずに傷つく学習者も出るはずです。指導者としては「学習に関係のない使い方はしないように」と指導することはもちろん、「感情表現の自由」など機能の意義も説明しましょう。

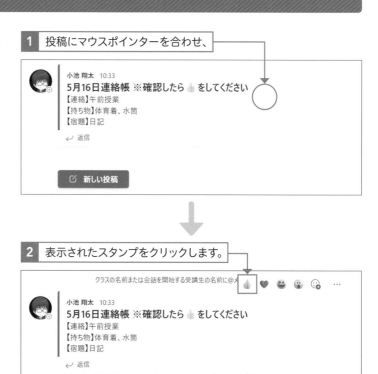

1 投稿にマウスポインターを合わせ、

2 表示されたスタンプをクリックします。

💬 解説　投稿のスタンプは4種類が基本

投稿に対して押すことのできるスタンプの基本は4種類です。左から「いいね！」「ステキ」「笑い」「びっくり」となっています。2022年11月ごろに機能がアップデートされ、絵文字もスタンプとして送ることができるようになりました。

② 返信する

 解説

話題整理がしやすい 「返信」機能

1つの投稿に「返信」をすると、話題の整理がしやすくなります。すべての児童が「新しい投稿」をしてしまうと、見たい投稿がたくさん並んでしまいます。

💡 **ヒント**

返信が多くなると見つけづらい

返信の数が多くなると、返信が折りたたまれて表示されるため、目的の返信内容が見つけづらくなってしまいます。「返信」することを指定するかどうか、時と場合に応じて使い分ける必要があります。

⚠️ **注意**

下書きのまま 送ったつもりにならない

初心者の方で、手順 **3** の ▷ をクリックしないで、下書きに相当する手順 **2** の操作をしたままで送ったつもりになる人もいます。

 補足

投稿への返信を送り合って交流させたいときは「新しい投稿」にする

学習者どうしで、投稿した内容に対する返信を送り合って交流させたい場合は、1つの投稿に「返信」すると難しくなってしまいます。その場合は「新しい投稿」にするように指示するとよいでしょう。

1 ［返信］をクリックし、

2 返信したい内容を入力して、

3 ▷ をクリックすると、

4 返信が送られて、チーム全員が読むことができます。

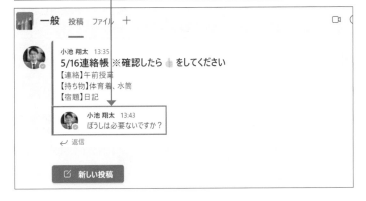

③ メンションをつけて返信する

🔍 **重要用語**

メンション

「@」のうしろに対象となるユーザーの名前を入力することで、その人に通知を行う機能のことをいいます。

💬 **解説**

メンションはチーム・チャネルの見逃し防止に役立つ

ユーザーへのメンションだけでなく、チームやチャネルの名前にもつけることができます。これにより、所属しているメンバー全員の見逃し防止につながります。ただし、やみくもにメンションをつけすぎると、通知が溜まってしまうので、注意が必要です。

⚠️ **注意**

送信相手のアカウント表記

自治体によっては、セキュリティ保護などの関係で、アカウント名を「〇〇小児童0123」など実名でない表記にしています。この表記は、ユーザー自身が変更不可の設定にされていることが多いです。

✏️ **補足**

なぜ学習者の見逃し防止につながるか

メンションがつけられると、自分自身の名前が強調表示されたり、@ が表示されたりします。さらに、「アクティビティ」として通知の件数も反映されます。初学者の児童生徒も、気づきやすいといえます。

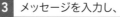

1 テキストの入力画面にして「@」を入力し、

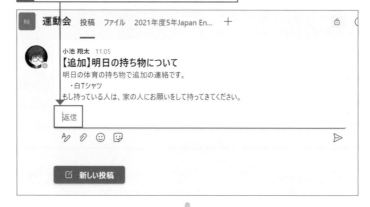

2 送信相手のアカウント名をクリックして、名前を挿入します。

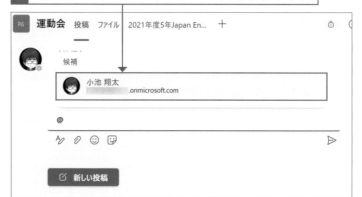

3 メッセージを入力し、

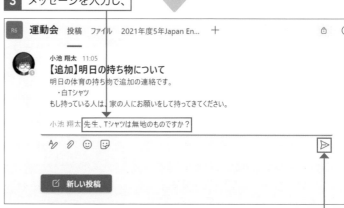

4 ▷をクリックします。

④ ファイルを添付する

 解説

言葉で伝えきれないものを伝えられる

「返信」にファイルを添付することで、言葉で伝えきれないものを伝えられるようになります。たとえば、「白Tシャツを持ってきて」という連絡があった場合、家にあるもので不安に思う学習者がいるかもしれません。その際、画像を添付して反応すれば、学校だけではお互いに難しかったやり取りが実現します。

 補足

「新しい投稿」でもメンションやファイルの添付が可能

42〜43ページのメンションとファイル添付の操作は、「返信」からだけではなく、「新しい投稿」からでも行えます。

 補足

ファイルの上限数

「コンピューターからアップロード」する場合、一度にファイルをアップロードできる上限数は10までです。また、1つの投稿に対してファイルは20まで添付できます。

 補足

画像ファイルの自動プレビュー表示

画像ファイルを送信すると、投稿欄で自動的にプレビュー表示されます。

---

1 をクリックし、

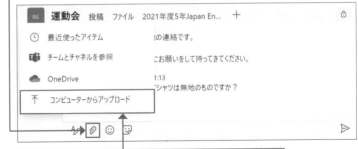

2 [コンピューターからアップロード]をクリックして、

3 添付するファイルをクリックします。

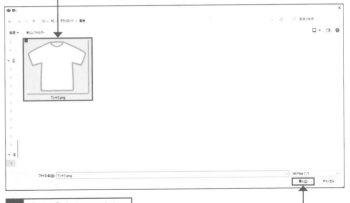

4 [開く]をクリックし、

5 メッセージを入力して、

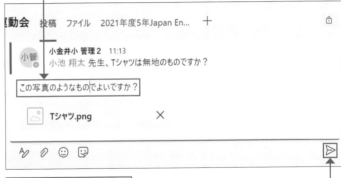

6 ▷をクリックします。

Section

09 | 通知を管理しよう

ここで学ぶこと

・通知
・バナー表示
・フィード表示

通知設定をこまめに行うことで、大切な情報を見落とすことがないようにすることができます。また、教師が授業中にTeamsの画面を提示する際、必要以上に通知が表示されないようにする配慮も大切です。

1 Teams全体の通知設定

解説

バナー表示による通知のスタイル

WindowsのTeamsアプリ版においてバナーに表示される通知のスタイルは、以下の2種類があります。

● **Teamsの組み込み**

● **Windows**

解説

フィード表示による通知

フィードに表示される通知は、メニューバーの「アクティビティ」に記録されます。バナーよりは目立ちませんが、記録として残る通知なのが特徴的です。

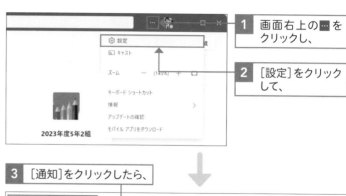

1 画面右上の ··· をクリックし、

2 [設定]をクリックして、

3 [通知]をクリックしたら、

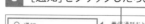

4 [カスタム]をクリックします。

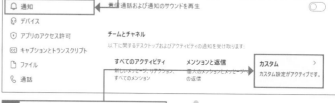

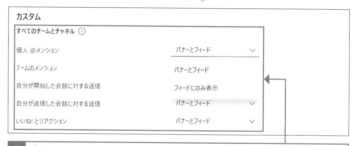

5 「すべてのチームとチャネル」の各設定を確認して、[バナーとフィード][フィードにのみ表示][オフ]のどの通知にするかをクリックして設定します。

② チャネルごとの通知設定

解説

「すべてのチームとチャネル」の通知よりも「チャネル通知の設定」が優先

44ページの「すべてのチームとチャネル」の設定よりも、本ページの「チャネル通知」の設定のほうが優先されます。

注意

ブラウザー版はチャネル通知の設定不可

チャネルごとの通知設定は、ブラウザー版のTeams for Educationでは設定できません。ただし、ブラウザーの通知権限を許可していれば、Teamsアプリ版の設定に合わせて、通知が表示されます。

ヒント

授業中の必要以上の通知表示に対策を

授業者がTeams for Educationの画面を、学校の教室の電子黒板やプロジェクターなどに映す機会は多いと考えられます。このとき、授業中に必要以上の通知を表示させてしまうと、学習者の気が散ってしまいます。たとえば、「いいね！とリアクション」の設定を[バナーとフィード]にしたまま、特定の投稿に「いいね！」をするよう指示してしまうと、通知音や画面表示まで教室全体に提示してしまいます。この対策として、これらの通知の管理は非常に有効です。

1 チャネルの右にある … をクリックし、

2 [チャネルの通知]をクリックして、

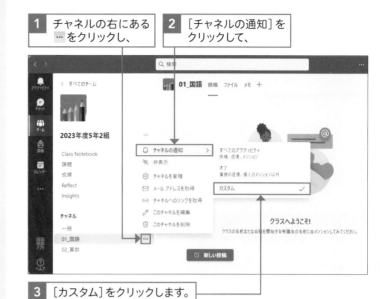

3 [カスタム]をクリックします。

4 「すべての新しい投稿」と「チャネルのメンション」で、目的に合わせた設定をクリックして設定したら、

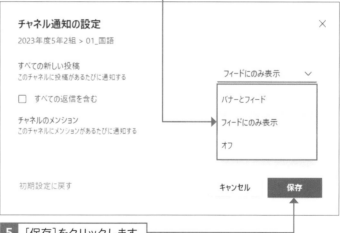

5 [保存]をクリックします。

補足 使い慣れる中で、設定の見直しを

上記の授業以外のシチュエーションにおいては、通知の設定はこれが正解というものはありません。使い慣れていく段階で、「よく見逃すことがあるな」という場合は、通知を[バナーとフィード]に表示させて、目立つようにしていきましょう。これらの使い方は、学習者にも知らせておくと、Teams for Educationの主体的な活用にも結びつきます。

ファイルを共有しよう

ここで学ぶこと

・ファイル
・共同編集
・リンク

これまでも述べてきたように、Teams for Educationはさまざまなアプリのハブ（中核）となっています。ここでは、ファイルを共有したり共同編集したりする基本的な方法について、確認していきましょう。

1 投稿に添付して共有する

💬 解説

チームのメンバーが編集可能に

本ページでは、Wordファイルを例に、投稿への添付でファイルを共有しています。これにより、チームのメンバーがWordファイルを閲覧するだけでなく、共同で編集することが可能となります。

⚠️ 注意

**共同編集での
誤編集をしないように**

Wordなどの編集可能なファイルを投稿で共有すると、アクセスしたチームのメンバーが、意図せずにファイルを誤って編集してしまうことがあります。誤編集を防止するためには、PDFファイルに書き出して共有するとよいでしょう。

✏️ 補足

**投稿したデータは
[ファイル]タブに**

投稿したデータは、ワークスペース上部の[ファイル]タブに自動的に保存されます。本ページのように投稿への添付をし続けてしまうと、ファイルが埋もれてしまうというデメリットがあります。

1 「新しい投稿」から 📎 をクリックし、

2 [コンピューターからアップロード]をクリックして、

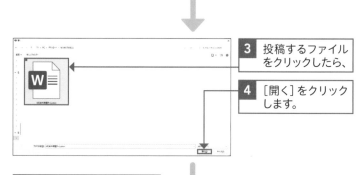

3 投稿するファイルをクリックしたら、

4 [開く]をクリックします。

5 ファイルが添付されます。

6 ▷をクリックすると、チームのメンバーに共有できます。

② ［ファイル］タブにファイルをアップロードする

解説

データを整理しやすい ［ファイル］タブ

［ファイル］タブをクリックすると、フォルダーなどの階層に従って保存することができるので、データの整理がしやすいといえます。しかし、投稿をしないでファイルをアップロードしたままだと、チームのメンバーが気づきづらかったり、コミュニケーションがしづらかったりするデメリットがあります。

補足

ファイル名の変更も可能

［ファイル］タブに保存された各データの名前の右にある … →［名前の変更］の順にクリックすると、名前の変更ができます。日ごろコンピューターに保存したファイルの管理と、ほぼ同じ操作感で管理ができるといえます。

1 ［ファイル］タブをクリックし、

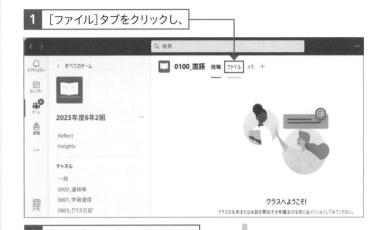

2 ［アップロード］をクリックして、

3 ［ファイル］をクリックします。

4 46ページと同じように、コンピューターに保存されているファイルをクリックすることで、アップロードが完了します。

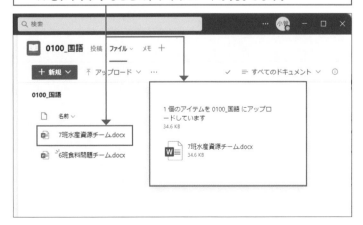

③ チームとチャネルを参照して共有する

💬 解説

ファイルの整理をしながら共有できる

「[ファイル]タブからの共有」のみでは、更新したことをチームのメンバーに知らせることができません。しかし、「チームとチャネルを参照して共有」をすれば、指定の保存先のファイルを更新したことについて、投稿を通してメンバーに知らせることができます。

⚠️ 注意

はじめのうちはファイル整理に過敏になって、他ユーザーへ強制させない

ファイルを整理しながら共有することは、やや複雑な操作を要するため、はじめのうちは慣れないかもしれません。また複数ファイルを共有する際も、手間がかかります。使用して間もないときに、これらのやり方をほかのユーザーへ強制させると、手間がかかるという印象を与えかねないということに注意が必要です。

✏️ 補足

他チャネル・チームのファイルも共有できる

[チームとチャネルを参照]をクリックしたあと、左上に表示された ↑ をクリックすることで、他チャネル・チームのファイルも参照することができます。ただし、ほかのチームのファイルを共有すると、チームのメンバーも変わるために、共有範囲などの設定を見直す必要があります。

1 47ページまでのように、あらかじめ[ファイル]タブに共有したいファイルをアップロードしておきます。

2 ファイルをメンバーに共有したいチャネルに戻り、「新しい投稿」から 📎 をクリックし、

3 [チームとチャネルを参照]をクリックして、

4 共有したいファイルをクリックしたら、

5 [リンクを共有]をクリックします。

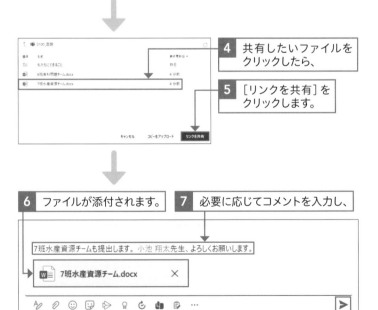

6 ファイルが添付されます。

7 必要に応じてコメントを入力し、

> 7班水産資源チームも提出します。小池 翔太先生、よろしくお願いします。
>
> 📄 7班水産資源チーム.docx ✕

8 ▷ をクリックします。

④ リンクをコピー＆貼りつけして共有する

解説

Teams以外の場所でも共有できる

48ページとほとんど同じ操作を意味していますが、文字列の形式でファイルの場所を示すことができるのが特徴的です。投稿するだけでなく、ファイルの保存場所を、1つの文書にまとめて入力したいときなどに有効です。

補足

リンクは自動的にファイル名に変換される

Teamsの投稿にリンクを貼りつける際、URLとなる文字列が自動的にファイル名のリンクに変換されます。さらに、投稿に添付された形にも変換されます。文字列のままで表したい場合は、「メモ帳」などの別のアプリに一時的に貼りつけると、変換されずに表示されます。

1 ファイルの共有URLを入力フィールドに貼りつけると、

2 ファイル名のリンクに変換されます。

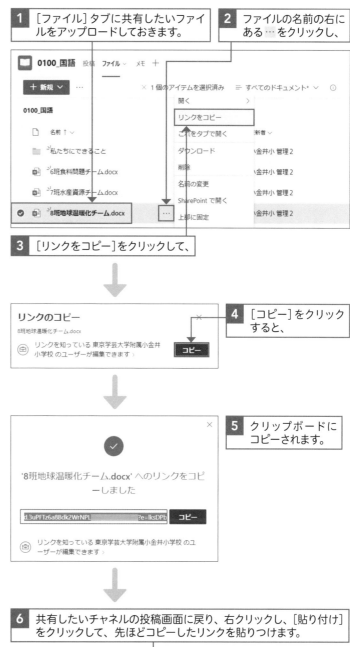

1 ［ファイル］タブに共有したいファイルをアップロードしておきます。

2 ファイルの名前の右にある … をクリックし、

3 ［リンクをコピー］をクリックして、

4 ［コピー］をクリックすると、

5 クリップボードにコピーされます。

6 共有したいチャネルの投稿画面に戻り、右クリックし、［貼り付け］をクリックして、先ほどコピーしたリンクを貼りつけます。

7 必要に応じてコメントを入力し、 **8** ▷ をクリックします。

Section

11 タブを活用しよう

ここで学ぶこと

・タブ
・ファイル
・アプリ

Teams for Education でのコミュニケーションやファイルの共有が続いていくと、「大切なファイルがどこにいったか」がわかりにくくなります。ここでは「時間割」のPDFファイルを例に、タブの活用法を確認します。

① 見落としがちなファイルをタブで追加する

解説

投稿が増えてくると情報が埋もれやすくなるためひと工夫を

古くからインターネットで情報のやり取りをする際、情報が蓄積されてしまって目的の内容が見つからないということは、よく起こっています。これを、ユーザーの責任にするのではなく、少しでもわかりやすい情報発信の工夫ができるようになることが大切です。タブの活用は、その基本といえます。

注意

タブを増やしすぎない

見落とし防止のタブを作りすぎてしまうと、今度はタブの見落としが起こりやすくなってしまいかねません。必要最小限にすることが大切です。作ったタブを消すには、タブを選んだあと、タブ横の ▽ をクリックして[削除]をクリックしましょう。

1 目立たせたいファイルを、あらかじめ[ファイル]タブからアップロードしておきます（ここではPDF形式のファイル）。

2 タブにある＋をクリックし、

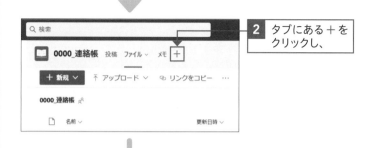

3 あらかじめアップしたファイルと同じ形式の[PDF]をクリックします。

解説

PDF以外のファイルもタブへ

ここでは、「連絡帳」のチャネルに、日ごろから学習者が目にする必要のある「時間割」のPDFファイルを常に見やすいようにしました。PDFファイル以外のWord、Excel、PowerPointについても、同様の手順でタブに表示することができます。

タブ追加のチャネルへの
自動投稿

タブを追加する際、[このタブについてのチャネルに投稿します]という確認欄があります。これをオンにしたままにすると、自動的に「このチャネルの上部にタブを追加しました」という投稿でメンバーに知らせてくれます。

ヒント

アプリやWebサイトもタブへ

ファイル以外にも、アプリやWebサイトもタブに表示することができます。学校の公式Webサイトや学習教材など、チャネルに応じた重要な内容をタブとして活用するのも1つです。ただし、学習者用デジタル教科書などの細かな機能はブラウザーでないと、正常に動作しないことがあります。

---

4 タブに表示される名前を変更し（ここでは「時間割」）、

5 タブに表示させるファイルをクリックして（ここでは手順**1**のファイル）、

6 ［保存］をクリックします。

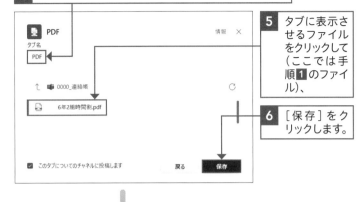

7 手順**4**で示したタブ名が表示されます。

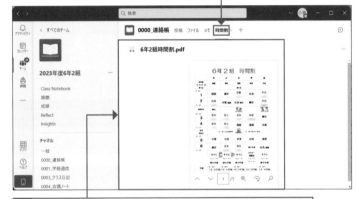

8 50ページ手順**1**のファイルが表示されるようになります。

投稿の画面に戻っても、［時間割］タブが表示されていることが確認できます。

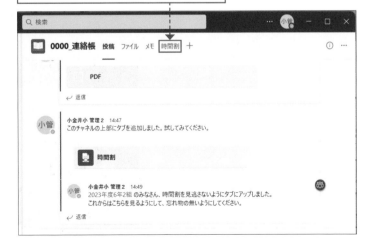

Section 12 ビデオ会議をしよう

ここで学ぶこと

- ・ビデオ会議
- ・画面共有
- ・会議の招待

Teamsのビデオ会議を使えば、リアルタイムでのオンライン授業が実現できます。事情があって登校できないときに、家から学校の様子を見ることもできます。ここでは、基本的なビデオ会議の操作について、紹介していきます。

① ビデオ会議に参加する

✐ 補足

チャネルからの［今すぐ会議］

事前に会議をスケジュールする設定もありますが、チャネルからすぐにビデオ会議を始めることもできます。ワークスペースの画面右上にある「会議」の ∨ をクリックし、［今すぐ会議］をクリックすると、手順 **2** の画面が表示されます。

⚠ 注意

ビデオ会議を始められる人の制限

トラブル防止やセキュリティ保護のために、ビデオ会議を始められる人を、アカウント発行元の自治体が制限していることが多くあります。そのアカウントの場合は、右上の［今すぐ会議］が表示されません。

1 チャネルでビデオ会議が始まると、画面右上・投稿欄に開始の表示が出るため、いずれかから［参加］をクリックします。

2 自分のカメラのオン／オフを設定し、

3 自分のマイクのオン／オフを設定して、

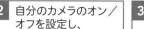

4 相手の声を聞くスピーカー音量を調整したら、

5 ［今すぐ参加］をクリックします。

6 ビデオ会議が始まります。

② ビデオ会議の画面構成

✏ 補足

「ルーム」「アプリ」のボタン

自分自身が会議の主催者で、画面の表示サイズによっては、「ルーム」「アプリ」のボタンが「その他」の左側に出てきます。「ルーム」は、「ブレークアウトルーム」の設定ができます。「アプリ」は、会議中に追加して利用するアプリの設定ができます。

✏ 補足

「退出」ボタンの「会議を終了」

自身が会議の主催者の場合、「退出」の右側に ▼ が表示されます。これをクリックし、[会議を終了]をクリックすることで、会議に参加中のメンバー全員に対して、会議を退出させることができます。

機能名	機能の説明
❶参加者	ビデオ会議に参加しているメンバーを確認したり、メンバーを招待したりすることができます。
❷チャット	ビデオ会議に参加・招待しているメンバーとチャットができます。
❸リアクション	質問したいときに手を挙げたり、スタンプでリアクションを送ることができます。
❹その他	設定や会議のオプション、背景効果、レコーディングなどのさまざまな設定ができます。
❺カメラ	カメラのオン／オフを切り替えることができます。
❻マイク	マイクのオン／オフを切り替えることができます。
❼共有	パソコン上の画面やファイルをメンバーと共有することができます。
❽退出	会議から退出することができます。
❾自分の画面	相手に表示されている自分の映像が表示されます。

③ 会議画面の主な操作

▶ **参加者を確認する**

1 [参加者]をクリックすると、

2 会議に参加している人が、一覧で表示されます。

補足

会議中のカメラとマイクの オン／オフ

ビデオ会議中、カメラとマイクのオン／オフの設定を変える場合は、会議画面の右上の[カメラ][マイク]をそれぞれクリックすることで、切り替えることができます。

 補足

会議中の「リアクション」と 「挙手」

ビデオ会議中、マイクやカメラをオフにしていても、相手へリアクションを示すことができる「リアクション」というボタンがあります。これをクリックすることで、参加者へ一時的に自分の反応を送ることができます。このうち、「挙手」リアクションの活用法については、174ページで解説します。

⚠ **注意**

会議中のトラブルは[デバイスの設定] の見直しで解決することが多い

「相手の話している声が聞こえない」「自分の声が相手に届かない」「自分のカメラがうまく映らない」……こうしたビデオ会議中のトラブルの多くは、右の[デバイスの設定]で解決することが多くあります。困ったときは、まずこの設定をすぐに見直せるようにしておくとよいでしょう。

▶ チャットの確認や送信をする

1 [チャット]をクリックすると、

2 チャットの一覧が表示されます。

3 メッセージを入力し、

4 ▷をクリックします。

▶ マイク、スピーカー、カメラ設定を確認する

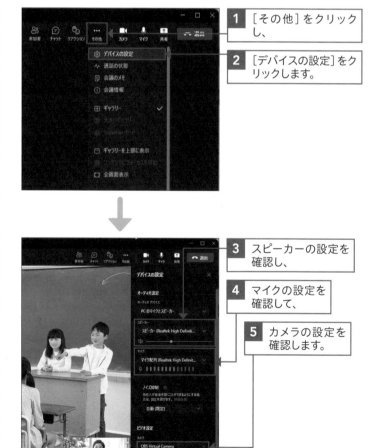

1 [その他]をクリックし、

2 [デバイスの設定]をクリックします。

3 スピーカーの設定を確認し、

4 マイクの設定を確認して、

5 カメラの設定を確認します。

④ 画面を共有する

 解説

発表資料を大きく映すことができる

ビデオ会議において、プレゼンテーション資料などを拡大して、参加者へ説明するという場面はよくあります。このとき、画面共有を活用することで、自分の画面やあらかじめ開いているウィンドウなどを大きく映すことができるようになります。

注意

[コンピューターサウンドを含む] のオン忘れ

画面共有の際、[コンピューターサウンドを含む]をオンにし忘れてしまうと、音声つきの動画などを再生する際に、相手に音が届かなくなってしまいます。忘れてしまった場合は、画面共有を一度解除して、再度設定し直しましょう。

補足

画面共有を終了する

ビデオ会議のウィンドウに戻って、[共有を停止]をクリックすると、画面共有を終了できます。また、画面共有をした際、画面右下などに小さくビデオ会議中であることを示すウィンドウも活用できます。この画面にも、画面共有を終了する⊠があります。

▶ コンピューターの画面全体 (デスクトップ) を共有する

1 [共有]をクリックし、

2 相手にコンピューターで再生される音声も含めて共有したい場合はここをオンにして、

3 [画面]をクリックします。

4 画面全体に赤色の四角囲みがされ、会議の参加者が共有された画面を見ることができます。

▶ 特定の画面 (ウィンドウ) を共有する

1 [共有]をクリックし、

2 相手にコンピューターで再生される音声も含めて共有したい場合はここをオンにして、

3 [ウィンドウ]をクリックします。

4 共有したいウィンドウ
をクリックすると、

5 ウィンドウ全体に赤色
の四角囲みがされ、会
議の参加者が共有され
た画面を見ることがで
きます。

⑤ 会議のオプションを変更する

 解説

大人数の会議での
トラブル防止に

1クラス35名の授業や、慣れない教員・
保護者が多く集まる会議においては、さ
まざまな会議トラブルが予想できます。
これらを細かな設定によって防止するこ
とができるのが、この[会議のオプショ
ン]です。

補足

会議の開始前に
事前設定もできる

会議のオプションは、会議中に設定すれ
ば、すぐに反映されます。しかし、会議
の開始前に、事前に各種設定をすること
もできます。詳しくは、172ページのオ
ンライン授業の準備の内容を確認してく
ださい。

● ロビーを迂回するユーザーを設定する

1 [その他]をクリック
し、

2 [会議のオプション]を
クリックします。

重要用語

ロビーの迂回（うかい）

ロビーとは待機室のようなもので、会議の開催者が入室を許可するまでは、下図のように会議に参加できないという機能です。

> 会議に参加している人にあなたが待機していることを通知しました。

開催者は、ロビーで待機している参加者がいると、上図のように参加者のウィンドウに表示されます。これを許可することで、参加ができます。

会議の安全性や時間管理の面で、ロビーの機能は有効ですが、開催者が手間がかかります。これらのロビーの機能を使わずに、迂回することができるようにするのが、この設定です。

補足

設定後は保存する

「会議のオプション」の設定が完了したら、[保存]をクリックします。

| 3 | ロビー（待機室）を迂回（スキップ）するユーザーを選択します。 |

発表者となるユーザーを設定する

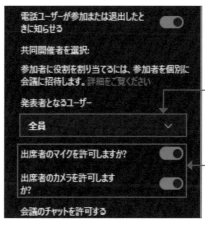

1	56ページ手順 1 ～ 2 を参考に「会議のオプション」を表示します。
2	発表者となり、画面共有などの権限を持てるユーザーを選択します。
3	発表者ではない出席者が、マイクとカメラを使えるようにできるかを選択します。

チャットの許可を設定する

| 1 | 56ページ手順 1 ～ 2 を参考に「会議のオプション」を表示します。 |
| 2 | 会議中にチャットを使えるようにできるかを選択します。 |

⑥ 招待された会議に参加する

 解説

組織外でもビデオ会議ができる

同じチームや組織に所属していなくて
も、会議のリンクを取得して共有するこ
とで、ビデオ会議をすることができます。
会議の招待などの詳しい方法は、172ペ
ージから解説します。

 補足

ブラウザーからも
ビデオ会議ができる

右の手順では、「Teams」アプリでの参加
方法について解説しましたが、ブラウザー
からでも会議に参加することができま
す。複数の組織のアカウントを所有して
いる場合、1つのアプリで切りかえるの
は手間がかかります。そういう場合、ブ
ラウザーも併用して使うと便利です。た
だし、デバイスの設定はブラウザーで確
認する必要があります。また、ブラウ
ザー版は、細かな表示などがアプリと異
なることがあります。

 補足

会議IDとパスコードからも
入室可能に

2022年7月より、会議のリンク発行をす
る際、会議IDとパスコードも同時に取得
できるようになりました。[カレンダー]
から[# IDを使用して参加]をクリック
し、共有された12桁の数字のIDと6桁
の英数字のパスコードを入力すると、会
議に参加することができます。

1 招待メールなどのURL、または［会議に参加するにはここをクリックしてください］をクリックし、

2 ［Teams（職場または学校）を開く］をクリックして、

3 カメラと音声の設定を確認して、

4 ［今すぐ参加］をクリックします。

第 **3** 章

Microsoft 365 Education を知ろう

Microsoft 365 Educationを知ろう

▶ Microsoft 365 Educationのさまざまなアプリと学び

Microsoft 365 EducationやOffice 365 Educationは、教育機関に所属する学生と教育者が利用できるサービスです。Teams for Educationもその一部のサービスです。メインという印象としてあるのが、文書作成アプリのWord、表計算アプリのExcel、プレゼンテーション資料作成アプリのPowerPointではないでしょうか。しかし、クラウドの時代になってから、これらのアプリも共同編集を行ったり、自動保存ができるようになったりしました。同じアプリの名前だからこそ、こうした印象を持ちづらいということはあるかもしれません。さらに、Teams for Educationと組み合わせることによって、学習者どうしが活発に交流できるようにもなりました。授業におけるねらいを達成できるようにするためには、これらのアプリが適切に使えるようになるためのトレーニングが必要となります。よって、教育向けに最適化されたアプリを使うことのほうが、教師にとっては都合がよいと考えてしまいかねません。

それでもMicrosoft 365 Educationのさまざまなアプリを、子どものうちから利用できるようになることは重要ではないでしょうか。それは、単に「将来の社会で利用するアプリだから、今のうちから慣れておこう」という意味ではありません。「学習者が使いたいときに使えるようにする」ためには、こうしたアプリのほうが、教育向けアプリよりも優れていると考えられます。

本章では、主要アプリだけではなく、アンケートフォームアプリのForms、デジタルノートアプリのOneNote、ホワイトボードアプリのWhiteboard、Webサイト作成アプリのSway、動画共有サイトのStreamなどと、Teams for Educationと組み合わせた学びについても紹介します。さらに、校務での活用についてもあわせて紹介していきます。

学習者主体の学びと校務の情報化について、ここから目指していきましょう。

https://www.microsoft.com/ja-jp/education/products/microsoft-365

▶ Microsoft 365 Education アプリ一覧

Microsoft 365 Educationで利用できるアプリの一覧は、「https://www.office.com/」に
サインインすることで確認できます。

サインイン後に表示される「アプリ」のうち、［すべてのアプリ］をクリックすると、交付さ
れているアカウントにおいて、利用できるアプリの一覧が表示されます。

先に述べたWord、Excel、PowerPointなどのデスクトップアプリとして印象の強いものも、
ここからアクセスすれば、ブラウザ上で編集することができます。ただし、一部の機能は
制限されていることがあります。これは、本章で紹介していくTeams上でのMicrosoft
365 Educationの各種アプリでも同様のことが起こります。すべての機能を使いたい場合は、
デスクトップアプリの利用を推奨します。

13 基本的な組み合わせを知ろう①〜Word

ここで学ぶこと

・Word
・文書作成
・共同編集

Microsoft Word（以下Wordと表記）は、文書作成ができるアプリとして、多くの人に知られています。Teams for Education上でも、Wordを共同編集するなどして活用できます。その組み合わせを紹介します。

1 デスクトップアプリと何が違う？

💬 解説

共同編集が行いやすい

TeamsでWordファイルを共有すると、チーム内のメンバーも同じファイルにアクセスしやすくなります。さらに、クラウド上で編集することになるため、自動保存もされます。このことから、Teams上で開いてかんたんなWordファイルを共同で編集しやすいというのが、大きなメリットであるといえます（66ページのExcel、70ページのPowerPointも同様）。

✏️ 補足

Teamsに共有したファイルを、デスクトップアプリから開くことも可能

TeamsでWordファイルを開いた際に、[デスクトップアプリで開く]をクリックし、画面に従って操作を進めると、同じファイルをデスクトップアプリで編集することもできます。ただし、操作している端末において、デスクトップアプリのインストールならびにOfficeのライセンス認証をしておく必要があります（66ページのExcel、70ページのPowerPointも同様）。

▶ Teams上で開いた場合

▶ Wordデスクトップアプリで開いた場合

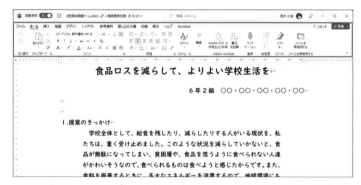

上記の通り、ツールバーの種類の多さから、機能面ではWordデスクトップアプリのほうが充実しています。Teams上で開いた場合は、簡易的な機能のみであるために、テキストボックスの追加方法が異なる、縦書きができない、一部フォントが表示されない、などの違いがありますが、メンバーと手早く共有して編集できます。

② 文書の共同編集の方法

 ヒント

文書作成開始時、投稿で共有することの恥ずかしさに向き合う

学習者にとって、文書の作成開始時や作成途中の状態のファイルは、「メンバーの人たちに見られたくない」という気持ちになるはずです。また、限定されたメンバーのみで、ファイルを編集したいという気持ちにもなります。さらに、誤操作で編集されてしまうリスクもあります。「ファイル」に保存したファイルの場所を共有して、各自にアクセスしてもらうことも1つの方法です。

 注意

オフラインだと Teams 上で編集不可

インターネットに接続できていないオフラインの状態でも、Teams の投稿などは見ることができます。ただし、Word ファイルを Teams 上で編集することはできなくなります。以下のようなエラー画面が表示されてしまいます（66ページのExcel、70ページのPowerPointも同様）。

 補足

「コメント」へ返事をする場合

コメントの下部分の［@メンションまたは返信］をクリックし、入力して送信することで返信ができます（66ページのExcel、70ページのPowerPointも同様）。

1 47〜49ページを参考に、Wordファイルをチームのメンバーに共有します。

2 共有されたWordファイルをクリックします。

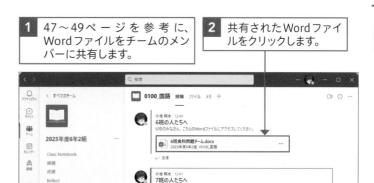

3 同じファイルにアクセスしているメンバーのアイコンやアカウント名が表示されます。

▶ 文書ファイル上でコメントする

1 コメントを入れたい文字列を選択し、

2 ［校閲］をクリックして、

3 ［新しいコメント］をクリックします。

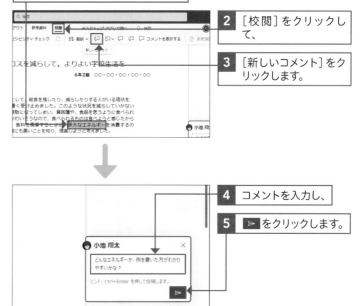

4 コメントを入力し、

5 ▷ をクリックします。

③ 授業の活用例：印刷を前提としたワークシート

💬 解説

学習の成果物を印刷して掲示する場面

今回は、国語の俳句の学習において、成果物を印刷して掲示する場面を想定しています。このような場合、教師がワークシートをあらかじめ作成しておき、「ファイル」経由で配布することで、児童が統一感のある文書を制作できます。

⚠️ 注意

成績管理を効率化する際は「課題」機能が有効

今回紹介した取り組み方は、教師があらかじめファイルを複製したり、提出状況を1つ1つのファイルを目視したりする必要があり、大変手間がかかります。成績管理を効率化する観点では、114ページから紹介する「課題」機能が非常に便利です。この方法は、「課題」機能では実現しづらい、学習者どうしでの共同編集など交流が可能になるというメリットもあります。

▶ 小学5年国語「日常を十七音で」（光村図書）の例

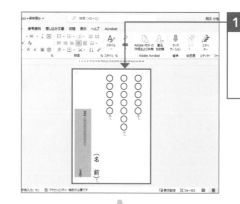

1 印刷を見据えて、俳句のフォント、文字サイズ、作者名、評価欄のテンプレート（ひな形）を教師が作成します。

2 作成したテンプレートを、[ファイル]タブの所定の場所へ学習者数分コピーしてアップロードします。

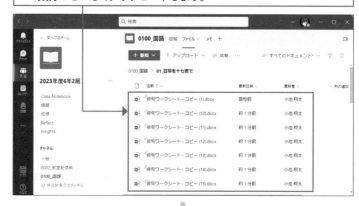

3 必要に応じて、ワークシートの保管場所や学習の取り組み方について、投稿で知らせます。

解説

**職員会議資料の
ペーパーレス化へ**

教職員に対して1人1台パソコンがあり、かつ教職員のチームが作成できる環境にある場合は、これらを活用することによって職員会議資料の印刷は不要となります。働き方改革の文脈で職場のペーパーレス化が推進されている今、校内へ広げていきたい取り組みだといえます。

注意

成績や個人情報に関わる重要文書はTeamsでの管理は非推奨

校務でTeamsを活用できる場合であっても、学習者のチームと同じ組織下において使用することが考えられます。よって、学習者の成績や個人情報に関わる重要文書は、Teamsでの管理は避けたほうがよいでしょう。198～199ページで、そうしたトラブル事例を紹介しています。

ショートカットキー

入力したコメントの送信

Ctrl + Enter

補足

**導入初期は紙との併用も
検討を**

すべての職員会議の提案文書などを、Teamsのデジタルで置き換えるのは、教職員の一定程度のリテラシーと心構えが必要です。導入初期においては、紙と併用して行うことで、慣れていない教職員へも配慮していることを示してもよいでしょう。ただし、それに依存することなく、いずれデジタルに一本化していくという戦略を立てていくことも必要です。

▶ 生活指導部会における会議資料の例

1 ［ファイル］タブの所定の場所に、各分掌担当へ、作成した会議提案資料のアップロードを依頼します。

2 会議の検討順に従って、ファイルを開いてもらうように指示します。

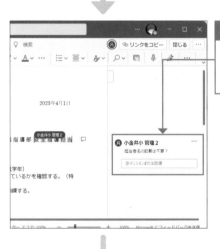

3 内容を確認しながら、必要に応じて共同編集したり、コメントを入れたりして、検討をしていきます。

4 もらったコメントの内容が解決した場合は、… をクリックし、

5 ［スレッドを解決する］をクリックすると、コメントが非表示になります。

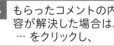

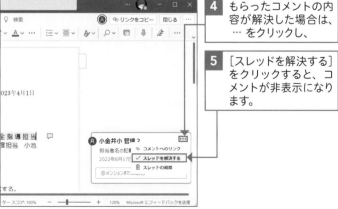

14 | 基本的な組み合わせを知ろう②〜Excel

ここで学ぶこと

・Excel
・表計算
・共同編集

Microsoft Excel（以下 Excelと表記）は、いわずと知れた表計算ソフトです。Wordと同様に、ExcelをTeams上で開くことによって、共同編集がしやすいことが強みです。ここでは、Wordと異なるポイントも紹介します。

① デスクトップアプリと何が違う？

解説

データ収集がしやすい

学習者からデータを収集する際、74ページから紹介するFormsのようなアンケートフォームを使うことが一般的になりつつあります。しかし、Excelで共同編集してデータ収集ができると、アンケートフォームよりも早く結果を一覧化することができます。目的に応じて、ExcelとFormsを使い分けられるようになるとよいでしょう。

注意

csvファイルはTeams上では編集不可

Excelで開くファイル形式のうち、カンマで値を区切られたファイル形式である「.csv」は、Teams上で閲覧することはできますが、編集することはできません。デスクトップアプリで開き、ライセンス認証されたうえで編集していきましょう。

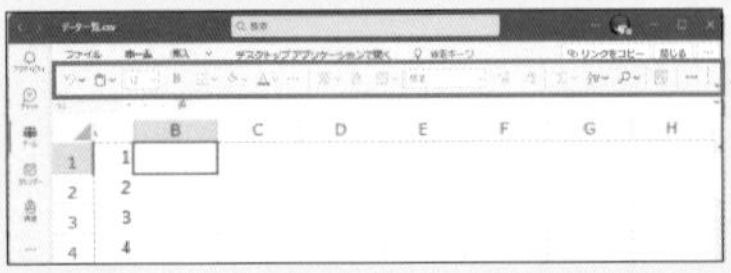

▶ Teams上で開いた場合

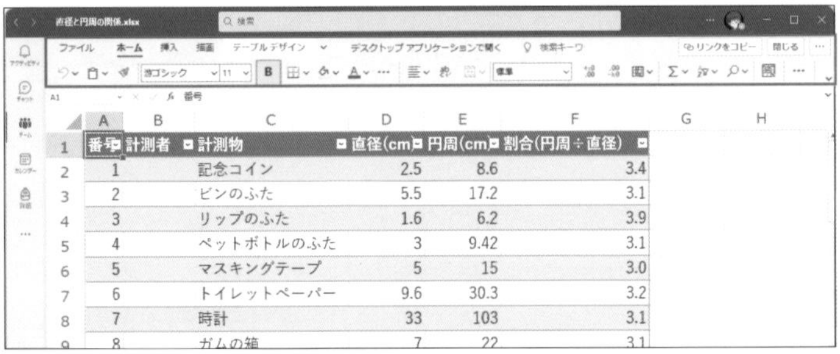

▶ Excelデスクトップアプリで開いた場合

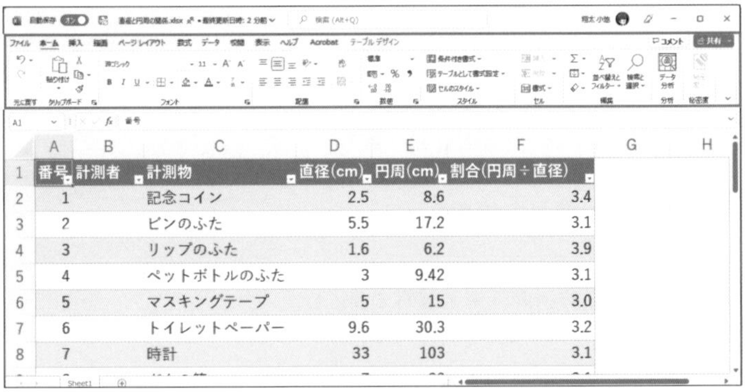

Wordと同様、ツールバーの種類の多さから、機能面ではExcelデスクトップアプリのほうが充実しています。Teams上で開いた場合は、簡易的な機能のみであるために、マクロ（自動化）機能が使えない、グラフの種類が少ない、挿入した画像のトリミング（切り抜き）ができないなどの違いがありますが、メンバーと手早く共有して編集できます。

補足

デスクトップアプリで作成したファイルのシート保護も反映される

デスクトップアプリにおいて、シート保護の設定を行い、そのファイルをTeamsにアップロードした場合でも、シート保護の設定は反映されます。なお、保護設定されているシートの名前の前には、カギのアイコンが表示されます。

補足

保護部分を入力しようとした場合

シート保護でロックされたセルを入力しようとした場合、以下のようなメッセージが表示されます。

補足

シート保護用パスワードの設定

「ロック解除された範囲」の下に、「シート保護用パスワード」の設定があります。ここでパスワードをかけることによって、作成者以外のユーザーがシート保護の設定を行おうとする際、このパスワードが要求されます。

表計算シートの共同編集やコメントの方法は、Wordファイルと基本的に同じです（63ページ参照）。しかし、Excelファイルで共同編集する場合は、誤ってセルを削除してしまうなどのトラブルが多く考えられます。

このとき、デスクトップアプリと同様、シート保護をして、その対策をすることができます。その方法を紹介します。

1 保護したいシートのシート名の部分を右クリックし、

2 「保護の管理」をクリックします。

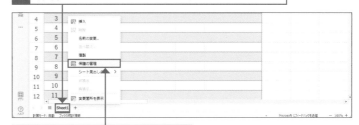

3 「シートの保護」をオンにし、

4 「ロック解除された範囲」の［範囲の追加］をクリックします。

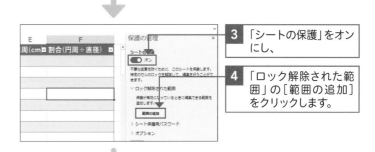

5 学習者がデータ入力してよい範囲をドラッグして選択すると、

6 「セル範囲」に自動的に反映されます。

7 ［保存］をクリックします。

③ 授業の活用例：一斉表示してよい集計管理

 解説

算数「データの活用」領域での活用を

2020年度に施行された小学校学習指導要領において、算数科で「データの活用」という領域が新設されました。これに伴い、1人1台端末においてExcelを活用することは、ますます重要になるといえます。今回は算数を例にして、Teams上のExcel活用例を紹介しています。

補足

円周率が一定になることを確認

今回の学習で、身近なもので円の形をしたものがバラバラであっても、円周率である「割合（円周÷直径）」が3.1になる傾向があることに学習者が気づくことができます。この割合を活用すれば、「わざわざ円周を測定しなくても、直径がわかれば円周を計算できる」ということが理解できます。Excelファイルで自分たちの円周率を一覧化することで、自分の測定方法を見直したり、友達に助言を送ったりするなどの行動が期待できます。

▶ 小学5年算数「正多角形と円周の長さ」（東京書籍）の例

1 「出席番号」「計測者」「計測物」「直径（cm）」「円周（cm）」「割合（円周÷直径）」の学習者数分の入力欄を、教師があらかじめ作成します。入力部分以外のシートは保護します。

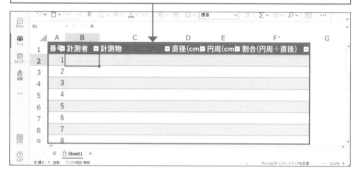

2 47〜49ページを参考に、Excelファイルを学習者へ共有し、身近なもので円の形をしたものを計測させ、「計測物」〜「円周（cm）」を入力するよう指示します。

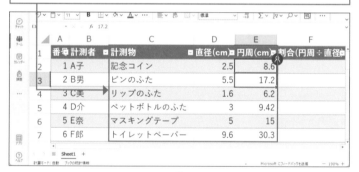

番号	計測者	計測物	直径(cm)	円周(cm)	割合(円周÷直径)
1	A子	記念コイン	2.5	8.6	
2	B男	ビンのふた	5.5	17.2	
3	C美	リップのふた	1.6	6.2	
4	D介	ペットボトルのふた	3	9.42	
5	E奈	マスキングテープ	5	15	
6	F郎	トイレットペーパー	9.6	30.3	

3 「直径（cm）」「円周（cm）」の数値から、「割合（円周÷直径）」の計算式を入力させて、出てきた割合の傾向について考えさせます。

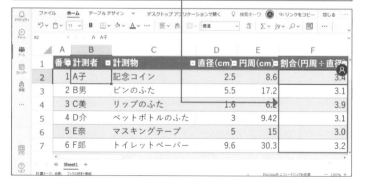

番号	計測者	計測物	直径(cm)	円周(cm)	割合(円周÷直径)
1	A子	記念コイン	2.5	8.6	3.4
2	B男	ビンのふた	5.5	17.2	3.1
3	C美	リップのふた	1.6	6.2	3.9
4	D介	ペットボトルのふた	3	9.42	3.1
5	E奈	マスキングテープ	5	15	3.0
6	F郎	トイレットペーパー	9.6	30.3	3.2

補足

**かんたんに座席表を作成できる
シート**

VLOOKUP関数とは、特定の範囲のデータを検索して、その結果を反映することができる計算式です。しかし、これを教師が1から作るのは手間がかかります。検索サイトで「かんたん座席表作成」などといったキーワードで検索すると、完成されたExcelファイルを見つけることができます。これらを活用してみるとよいでしょう。

▶ VLOOKUP関数を活用した簡易座席表の例

1 あらかじめVLOOKUP関数を活用して、出席番号を入力すると座席に名前が表示されるExcelファイルを作成します。

2 名前が自動表示されたシートを確認します。

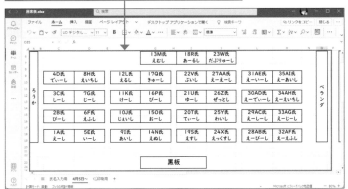

3 50ページを参考にタブに追加して、専科教員や欠席児童などがいつでも見られるように共有します。

ここで学ぶこと

・PowerPoint
・プレゼン
・共同編集

プレゼンテーションソフトのMicrosoft PowerPoint（以下PowerPoint）も、Teamsと組み合わせることによって、活用の幅が広がります。Wordとも異なる形で、共同編集できるワークシートとしての活用もできます。

① デスクトップアプリと何が違う？

解説

短時間で共同編集できる

授業の限られた短い時間の中で、プレゼンテーションファイルを共同して編集するには、Teams上で開いたほうが効率的に作成できるといえます。

▶ **Teams上で開いた場合**

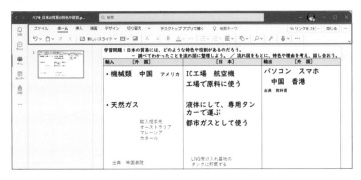

▶ **PowerPointデスクトップアプリで開いた場合**

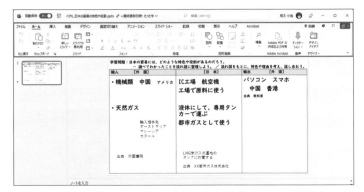

WordやExcelと同様、ツールバーの種類の多さから、機能面ではPowerPointデスクトップアプリのほうが充実しています。Teams上で開いた場合は、簡易的な機能のみであるために、グラフの挿入ができない、スライドマスターの編集ができないなどの違いがありますが、メンバーと手早く共有して編集できます。

② 「デザイナー」「デザインアイデア」を活用する

 補足

短時間で洗練されたスライドが作れる

Teams上でPowerPointを新規作成すると、「デザイナー」という機能が自動的に表示されます。これによって、背景が洗練されたスライドデザインがおすすめとして表示されます。これまでもテンプレートはありましたが、挿入した画像などに合わせて、随時デザインの提案をしてくれるところがメリットです。

 補足

デスクトップアプリでも利用できる

デスクトップアプリでも、インターネットに接続された状態でサブスクリプション版のMicrosoft 365のライセンス認証がされているなど、一部条件のもとで利用可能です。

1 チャネルにアクセスし、[ファイル] タブをクリックします。

2 [新規]をクリックし、

3 [PowerPoint プレゼンテーション] をクリックします。

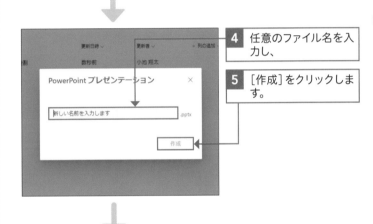

4 任意のファイル名を入力し、

5 [作成]をクリックします。

6 右側サイドバーに自動表示される「デザイナー」から、任意のデザインを選択します。

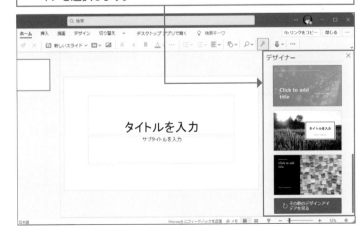

③ 授業の活用例：自由にレイアウトできるワークシート

💬 解説

自由にレイアウトできる

PowerPointは、本来プレゼンテーションのためのスライドを作成するツールですが、ワークシートのような活用もできます。WordやExcelとは異なり、スライドの範囲で自由にレイアウトできることが、初学者にとって編集しやすいというメリットがあります。今回のように、流れ図で関係を表す学習の場合は有効です。

✏️ 補足

パターン1のメリットとデメリット

1つのファイルへ全員アクセスさせるパターン1は、パターン2と比較して次のような違いがあります。メリットは、学習者が相互にコメントをし合いやすいという点です。他方、デメリットは回線の負荷がかかるために、回線速度や端末のスペックが確保されていないと、動きが遅くなるということがあります。

✏️ 補足

パターン2のメリットとデメリット

個人、ペア、班数文のファイルへ各自アクセスさせるパターン2は、パターン1と比較して次のような違いがあります。メリットは、各個人、ペア、班の必要感に応じて、スライドの追加ができるなど、自由度が高いことです。他方、デメリットはコメントをし合う活動をする場合、都度別のファイルにアクセスしなければならない手間や、授業者があらかじめファイルを複製しておかなければならない手間が発生することです。

▶ Teams 上で開いた場合

パターン1：1つのファイルへ全員アクセスさせる

1 47〜49ページを参考に、ワークシートとして作成したPowerPointファイルを学習者へ共有しておきます。

2 あらかじめ児童、ペア、班数分のスライド枚数を複製しておき、学習者へ所定のスライド番号のスライドで編集するよう指示します。

パターン2：個人、ペア、班数分のファイルへ各自アクセスさせる

1 64ページを参考に、［ファイル］タブの所定の場所へ個人、ペア、班数分のテンプレートをコピーしてアップロードします。

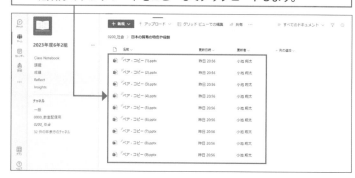

2 ワークシートの指示に従って共同編集をさせます。

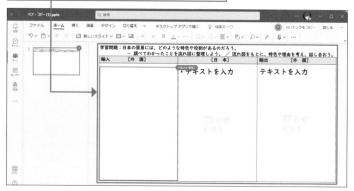

④ 校務の活用例：学級通信の共有

💬 解説

レイアウトの時短につながる

授業の活用例と同様、Wordファイルよりも PowerPointのほうが、テキストや画像を自由にレイアウトできます。これにより、学級通信の作成時、レイアウトの時間短縮が可能となります。

✏️ 補足

PDF変換により誤編集防止へ

作成したPowerPointファイルをそのまま投稿としてアップロードしてしまうと、アクセスした学習者が誤って編集してしまうことが考えられます。これを防止するために、今回はPDFファイルへの変換も含めて紹介しています。

💡 ヒント

読み聞かせの際も
スライド形式が有効

学級通信を単にチャネルに投稿して配布するだけでは、読むことが難しい学習者もいることが考えられます。そこで、配信と同時に教室のプロジェクターや大型ディスプレイでPowerPointをスライドショーで表示して、読み聞かせをすることができます。

💡 ヒント

保護者へも確実に配信できる

188ページで紹介するように、保護者をゲストとしてチームに招待できる管理設定の場合は、こうしたデジタルの配布物は効果的です。子どもを通して学級通信を印刷して渡すよりも、確実に保護者の手元へ届くことが期待できるためです。

▶️ 学級通信の作成・配布の例

1 PowerPointで編集をします（デスクトップアプリの例）。

2 ［ファイル］をクリックします。

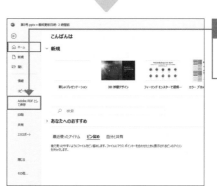

3 ［Adobe PDFとして保存］をクリックし、任意のフォルダーに保存します。

4 46ページを参考に、任意の場所へ保存したPDFファイルを「新しい投稿」でアップロードして投稿します。

16 基本的な組み合わせを知ろう④〜Forms

ここで学ぶこと

・アンケート
・フォーム作成
・即時集計

GIGAスクール構想が始まって以降、画面上でアンケートフォームに回答する機会が多くなりました。Microsoft Forms（Forms）を使えば、すぐにフォームの作成と集計が可能です。その方法を紹介します。

① 「Teams投稿版」と「ブラウザー版」

解説

**Teams投稿版は
簡易的かつ即時的**

Teams投稿版のFormsは、簡易的に作成して、即自的に集計することができます。回答フォームと集計状況が別々の投稿として表されていることに、最初は戸惑うことがあるかもしれません。しかし、慣れてくるとさまざまな場面で有効活用できます。

補足

**ブラウザー版のFormsを
開く方法**

Microsoft Edgeなどのブラウザーを開き、「Microsoft Forms」と検索して、「https://forms.office.com」にアクセスします。Teamsと同じアカウントでサインインすることによって、クラウド上で作成したアンケートフォームが自動保存されて同期されます。

▶ Teams投稿版

回答画面

回答フォームと集計状況が、それぞれ投稿形式で表示されています。

編集画面

簡易的な選択式のアンケートフォームをすばやく作成できます。

▶ ブラウザー版

回答画面

複数の回答欄が1ページにまとまっていて、集計状況は作成者のみが別のページで確認するようになっています。

編集画面

選択式以外にも、テキストや評価などの多様な項目について、細かな設定も含めて作成できます。

② 授業の活用例：「Teams投稿版」で授業中に意思表明

 解説

学習者へその場で作り方を
示すことで活用の幅が広がる

Teams投稿版のFormsは、授業前にあらかじめ作成するのではなく、授業中に作成することが基本だと考えられます。このとき、その作り方をその場で学習者に示すことによって、学習者が「別の場所でも使えるかもしれない」と気づくヒントにもなります。こうすることで、学習者の1人1台端末の活用の幅が広がる機会にもなるといえます。

補足

アンケート作成時の設定

手順③〜⑤の画面では、さまざまな設定が行えます。複数選択にしたい場合は、「複数選択」をオンにします。回答者のアカウントを集計時に記録したい場合は、「回答者の名前を記録する（作成者にのみ表示）」をオンにします。

ヒント

即時集計が学習者の回答に
影響を及ぼす可能性がある場合

選択に悩む学習者は、自身が回答する前に、即自集計される投稿の状況を見て、自分の回答する立場を考えてしまうかもしれません。このように即時集計が学習者の回答に影響を及ぼす可能性がある場合は、手順③〜⑤の画面で「集計された結果を回答者と共有する」をオフにしましょう。この場合、集計状況はブラウザー版でサインインすることで、集計結果を表示することが可能です。Formsのサインインの方法は、76ページで一部紹介します。

▶ 小学5年道徳「だれを先に乗せる?」（NHK for School『ココロ部！』）の例

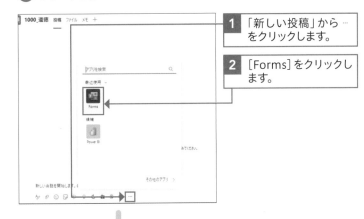

1 「新しい投稿」から …をクリックします。

2 [Forms]をクリックします。

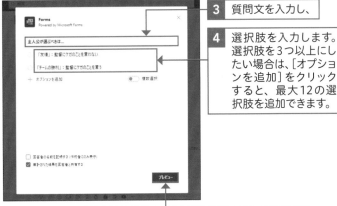

3 質問文を入力し、

4 選択肢を入力します。選択肢を3つ以上にしたい場合は、[オプションを追加]をクリックすると、最大12の選択肢を追加できます。

5 必要な設定が完了したら、[プレビュー]をクリックします。

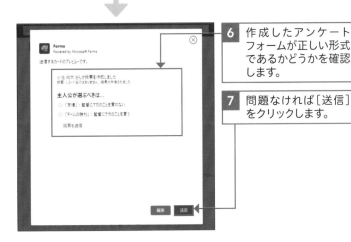

6 作成したアンケートフォームが正しい形式であるかどうかを確認します。

7 問題なければ[送信]をクリックします。

③ 校務の活用例：「ブラウザー版」で学校行事の反省

💬 解説

スマートフォン向けの回答表示

ブラウザー版で作成したアンケートは、自動的にスマートフォンでも最適な回答形式になります。アンケートフォームの作成時に［プレビュー］をクリックすることで、「コンピューター」の表示形式と「携帯電話／タブレット」の表示形式を確認できます。

✏️ 補足

ブラウザー版はクイズ形式も作成可能

ブラウザー版では、クイズ形式のフォームも作成可能です。これを活用することで、学習者が回答した結果の正誤判定や得点結果が即時表示されるテストが作成できます。詳しい方法は、157ページで紹介します。

▶ **教職員への入学式振り返りの集計の例**

1 ブラウザーで「Microsoft Forms」と検索し、「https://forms.office.com」にアクセスします。

2 ［既にMicrosoftアカウントをお持ちですか？サインインはこちらから］をクリックし、サインインします。

3 ［新しいフォーム］をクリックします。

4 ［無題のフォーム］をクリックしてアンケートフォームのタイトルを入力し、

5 回答者に向けたアンケートフォーム全体の説明を必要に応じて入力します。

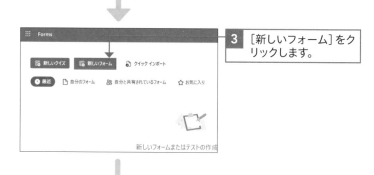

6 設問を作るために、［新規追加］→［テキスト］の順にクリックします。

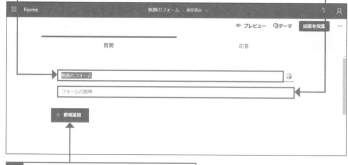

アンケート作成時の設定

手順 7 〜 8 の画面では、さまざまな設定が行えます。段落で長い記述形式にする場合は、「長い回答」をオンにします。必ず回答してほしい項目の場合は、「必須」をオンにします。

回答用URLも取得できる

Formsで作成したアンケートフォームの回答用URLは、画面右上の[回答を収集]をクリックすると取得できます。これによって、Teamsのタブを使わずにアンケートフォームを共有することができます。

注意

Teamsに参加していない人へ回答用URLを取得する場合の設定

Teamsに参加していない人に対して回答用URLを共有する際には、共有範囲の設定が「すべてのユーザーが回答可能」となっているかどうかを確認しましょう。

7 質問のタイトルを入力します。

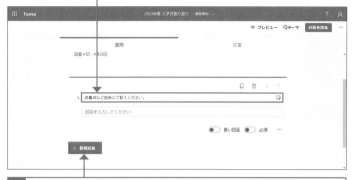

8 必要に応じて、[新規追加]をクリックして質問項目を追加します。

9 Teamsアプリの画面に戻ります。共有したいチャネルを開き、50ページで紹介したタブの追加方法によって、[Forms]をクリックします。

10 [既存のフォームを追加します]をクリックします。

11 作成したフォームを選択し、

12 [保存]をクリックすると、Teamsに作成した回答フォームが共有されます。

ここで学ぶこと

・デジタルノート
・クラスノート
・特別支援

OneNoteは、デジタルでかんたんにノートとして記録できるアプリです。Teams上でも開くことができます。学習に困難のある子どもへの支援という観点でも、大きな可能性があります。

① どんなアプリ？

💬 解説
入力の自由度が高く、表示制限がない

「OneNote」は名前の通り、「ノート」のように気軽に入力することができます。Wordは印刷を前提としたレイアウトで、PowerPointはスライド単位のレイアウトですが、OneNoteは文字や画像、ファイルなどをどこにでも配置することができます。

💬 解説
アプリ「OneNote」と「OneNote for Windows 10」との主な違い

アプリ「OneNote」は、Office版としてのアプリであるために、デバイス内にファイルとして保存することができます。他方、「OneNote for Windows 10」は、クラウド上での保存が必須となります。また、表示デザインがシンプルです。さらに、Microsoft 365のライセンス認証がされていると、「インクをテキストに変換」「数学アシスタント」などの追加機能も活用できます。

▶ Teams上で開いた場合

「Class Notebook」という機能が表示されている

▶ アプリ「OneNote」で開いた場合

画面上部のリボンが数行

タブは規定では右側に表示されている

▶ アプリ「OneNote for Windows 10」で開いた場合

タブは左側に表示され、カラフルなデザイン

画面上部のリボンが1行のみ

② 描画の基本操作

解説

**ページめくりの動作と
描画の違い**

タブレットPCのようなタッチ対応デバイスの場合、指で画面をなぞると、ページをめくる動作となるのが基本です。これを画面タッチで描画するようにする場合は、[タッチして描画する]を随時選択する必要があります。

ヒント

**デジタルペンによる
自動切り替え**

タッチ対応デバイスでデジタルペンを使っている場合は、ペンで画面をタッチするだけで自動的に描画できます。

補足

**「ルーラー」で
きれいな線を引く方法**

Teams上のOneNoteの機能は、アプリ版と比べて一部のみ使用できるため、「ルーラー」(定規)の機能は使うことができません。[デスクトップアプリで開く]をクリックし、[描画]を選択すると使用できます。

補足

アプリ版は「なげなわ選択」

Teams上の文字などの移動の場合は「四角形選択」という名称ですが、アプリ版は「なげなわ選択」という名称です。名前の通り、範囲も自由な形で選択することができます。

▶ 指で描画する（タブレット画面）

1 [描画]をクリックし、 **2** （タッチして描画する）をクリックします。

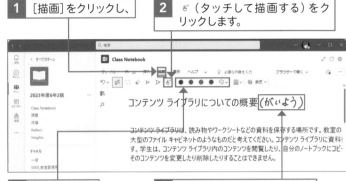

3 色を選択し、 **4** 指でタッチして描画します。

▶ 蛍光ペンを使う

1 [描画]をクリックし、 **2** （蛍光ペン）をクリックします。

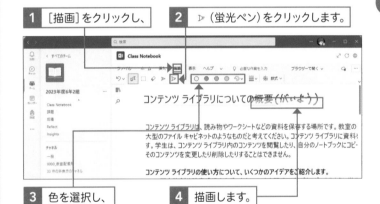

3 色を選択し、 **4** 描画します。

▶ 描画した文字などを移動する

1 [描画]をクリックし、 **2** □（四角形選択）をクリックします。

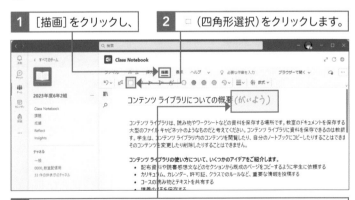

3 描画した文字など、移動させたいものの範囲を選択し、ドラッグして移動させます。

③ 授業の活用例：学習に困難のある子どもへの支援

🗩 解説

読字の困難に対するさまざまな支援

「イマーシブリーダー」は、読字に困難のあるユーザー向けの機能です。紙のノートで記録したり、紙に書かれた活字を読んだりする学習に困難を抱える子どもに対する支援として、大きな可能性があります。

💡 ヒント

文字や品詞の表示設定

「イマーシブリーダー」は、音声読み上げ機能以外にも、文字や品詞の表示設定を変えることができます。Teams上でのOneNote画面右上には、左から「テキストの環境設定」「文章校正オプション」「閲覧の環境設定」のアイコンが表示されており、これらを細かく変更することができます。

✏ 補足

「イマーシブリーダー」はEdgeやWordにも搭載

ブラウザーのEdgeや、文書作成アプリのWordでも、「イマーシブリーダー」は活用できます。

▶ 「イマーシブリーダー」の音声読み上げ機能

1 ［表示］をクリックします。

2 ［イマーシブリーダー］をクリックします。

3 🔊（音声の設定）をクリックします。

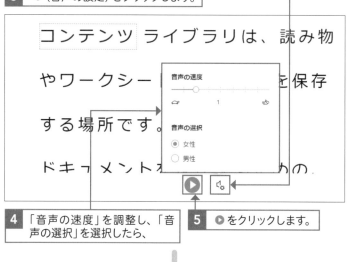

4 「音声の速度」を調整し、「音声の選択」を選択したら、

5 ▶ をクリックします。

6 音声が読み上げられます。読み上げられている単語は、視覚的に理解しやすいよう強調表示されます。

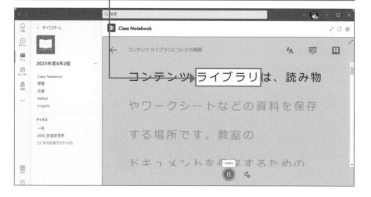

④ 校務の活用例：「スタッフノートブック」の活用

補足

チームの種類「スタッフ」とは

17ページで紹介したように、Teams for
Educationでチームを作成するときは、
「クラス」「プロフェッショナルラーニン
グコミュニティ（PLC）」「スタッフ」「その
他」の4種類から選ぶことができます。今
回の「スタッフノートブック」は、チーム
の種類が「スタッフ」のときに自動作成さ
れる機能です。

補足

スタッフノートブックの
セクションの種類

● **Collaboration Space**
（共同作業スペース）

チームに所属している教職員が共同で
ページ編集できる（例：全員で編集する
ための会議メモ）

● **コンテンツライブラリー**

チームの所有者のみがページを編集で
き、メンバーは閲覧のみできる（例：予
定表や教務作成によるタスクリスト）

● **リーダー専用**

チームの所有者のみが編集・閲覧でき、
メンバーは閲覧することができない（例：
教務のみ確認する資料やメモ）

1 チームの種類を「スタッフ」にしたチームで、［一般］チャネルを選択します。

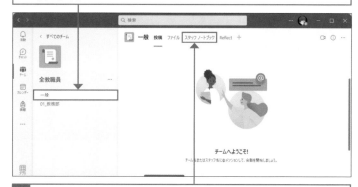

2 自動的に表示されている［スタッフノートブック］タブをクリックします（その後、初回起動時は各種初期設定の画面が表示されます）。

3 （ナビゲーションを表示）をクリックします。

4 左の補足を参考に、目的に応じてセクションを使います。

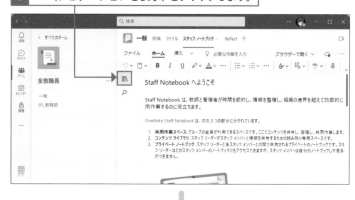

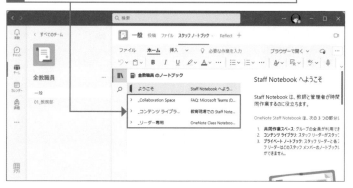

3

Microsoft 365 Education を知ろう

Section

18 | 基本的な組み合わせを 知ろう⑥〜Whiteboard

ここで学ぶこと

・ホワイトボード
・ブレーンストーミング

Whiteboardはその名の通り、ホワイトボードのように使うことができるアプリです。意見を出し合うようなブレーンストーミングの場面などに、効果的に活用することができます。

① どんなアプリ？

🗨 解説

**メモや書き込みができる
デジタル版ホワイトボード**

Whiteboardは名前の通り、デジタル版のホワイトボードです。複数のユーザーが共同で、メモに書き込んで並べたり、ペンで書き込みをしたりすることができます。

✏ 補足

Teams上とアプリとの違い

リリース当初は、Teams上のWhiteboardにおいて、簡易的な機能しか使うことができませんでした。しかし、バージョンアップを重ねることで、アプリ版とほとんど同じ機能が使えるようになりました。

💡 ヒント

テンプレートの活用

右の画面例は、すべて「テンプレート」を活用したホワイトボードです。詳しい追加の方法は、83ページを参考にしてください。

▶ Teams上で開いた場合

▶ アプリ「Whiteboard」で開いた場合

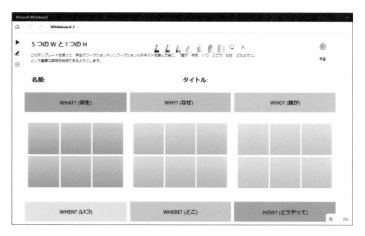

② Teams上のWhiteboardの基本的な操作方法

 補足

描画する場所を指で
移動させるには

使用したいペンを選択し、画面をタッチすると描画されます。ホワイトボードの画面上の描画する場所を指で移動させる場合には、▷（選択）をクリックしてからタッチしましょう。

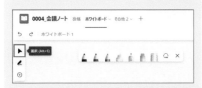

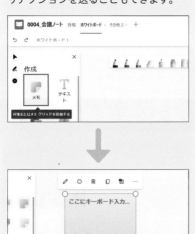 **ヒント**

メモを活用する

OneNoteと異なるWhiteboard特有の機能として、メモがあります。⊕（作成）→[メモ]の順にクリックし、ホワイトボード上をクリックすることでメモが追加されます。文字を入力して移動させることに加えて、メモごとにスタンプでリアクションを送ることもできます。

▶ **タブに追加する**

1 追加したいチャネルに移動し、50ページで紹介したタブの追加方法によって、[Whiteboard]をクリックします。

2 タブならびにホワイトボードにつける名前を入力し、

3 [保存]をクリックすると、ホワイトボードが表示されます。

▶ **指で描画する（タブレット画面）**

1 使用したいペンを選択し、

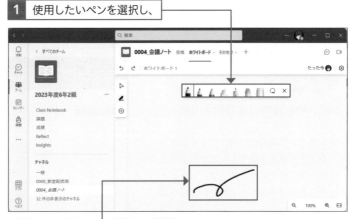

2 画面をタッチして描画します。

③ 授業の活用例：ビデオ会議中にアイデアを出し合う

 解説

離れた場所でも グループワークができる

A3サイズ程度のホワイトボードにメモを貼ったり、マーカーでグルーピングしたりするなど、アイデアを出し合う活動は、学校の授業においてさまざまな場面で取り入れられていました。ビデオ会議の「共有」を経由して、Whiteboardアプリを活用すれば、離れた場所でもグループワークができます。

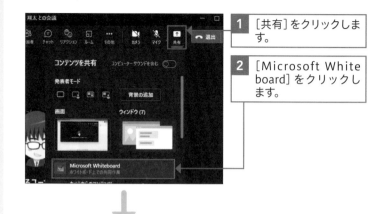

1 ［共有］をクリックします。

2 ［Microsoft Whiteboard］をクリックします。

 補足

共同作業ではなく、ホワイトボードの表示をすることのメリット

ホワイトボードでの共同作業ではなく、「ホワイトボードを表示します〜」の設定をするよい点は、会議の参加者が誤操作をしたり、必要以上に描画をしたりするなどによって、ホワイトボードが機能しなくなるということが挙げられます。会議の開催者のみがホワイトボードの編集を行い、参加者はその描画されるホワイトボードを閲覧するのみでよければ、「ホワイトボードを表示します〜」を選択しましょう。

3 ［新しいホワイトボード］をクリックし、

4 「ホワイトボードで共同作業をします。すべてのユーザーが編集できます。」をオンにし、

5 ［ホワイトボードで共同作業］をクリックします。

6 会議の参加者と共同で利用することができます。

 ヒント

ビデオ会議中の黒板代わりに

オンライン授業において、ビデオ会議中のカメラで黒板を映すと、光の反射などが原因で、参加者がうまく見られないということがあります。Whiteboardを活用することで、そうした問題の解決が期待できます。

④ 校務の活用例：研修会でアイデアを出し合う

💬 解説

テンプレートの活用で
話し合いを促進

Whiteboardアプリを使い慣れていない人たちが集まる場面においては、シンプルなホワイトボード画面を使うほうが、操作はしやすいと考えられます。しかし、ファシリテートする（促す）人にとっては、今回のようにテンプレートを活用することで、話し合いを促進できることが期待できます。

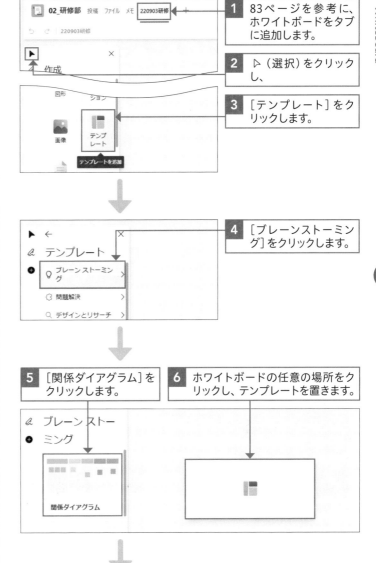

1 83ページを参考に、ホワイトボードをタブに追加します。

2 ▷（選択）をクリックし、

3 ［テンプレート］をクリックします。

4 ［ブレーンストーミング］をクリックします。

5 ［関係ダイアグラム］をクリックします。

6 ホワイトボードの任意の場所をクリックし、テンプレートを置きます。

⚠️ 注意

テンプレートの利用に
とらわれない

Whiteboardアプリを使い慣れている人でも、テンプレートをもとにどのようにメモを貼ればよいかなどは、十分に理解できないことがあります。とくに遠隔での授業や研修の場合、その様子を見たり支援をしたりすることが困難になります。あまりその枠にとらわれすぎないことも大切であるといえます。

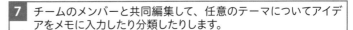

7 チームのメンバーと共同編集して、任意のテーマについてアイデアをメモに入力したり分類したりします。

基本的な組み合わせを知ろう⑦〜Sway

Sway を使うと、洗練されたデザインのプレゼンテーションや Web サイトをかんたんに作成できます。作成した Sway のリンクを共有することで、Teams にも手早く投稿することができます。

① どんなアプリ？

解説

洗練されたデザイン資料をかんたんに作成

Sway は、PowerPoint とは異なり、洗練されたデザインの資料をかんたんに作成することができます。形式も、縦・横スクロール、スライドめくりと選択することができます。作成した資料の URL も容易に共有できます。そのため、Teams と組み合わせることで交流の幅が広がります。

補足

Teams ではなくブラウザーで編集

これまでの Office 製品とは異なり、Sway は「https://sway.office.com/」にアクセスしてブラウザーで編集するのが基本です。なお、Windows の場合は、Microsoft Store からアプリ版をインストールすることができます。

▶ 日記・ニュースレターの作成

縦スクロールで Web サイトのようなページが作成できる

▶ ポートフォリオや図鑑の作成

横スクロールで電子書籍のようなページが作成できる

▶ プレゼンテーション資料の作成

PowerPoint のようなスライド資料が作成できる

カードのように並べて編集する

Swayでは、カードのようなコンテンツに文字や画像を挿入して並べるだけで、自動的にデザインがされます。文字の大きさや色、配置などの細かな設定は不要です。細かな編集ができない代わりに、作成時間を大幅に削減できるのが大きなメリットといえます。

コンテンツの挿入

手順 3 〜 5 の画面でタイトル下の ⊕ をクリックすると、新しいコンテンツを挿入できます（88ページ参照）。

「上書き保存」などの操作は不要

ブラウザー版のSwayはクラウド上で作成するため、編集するたびに自動的に保存されます。よって、「上書き保存」の操作は不要となります。

Teams 投稿時のサムネイル表示

「リンクのコピー」をしたあとに、Teamsの新しい投稿に貼りつけをすると、自動的にサムネイルが表示されます。同じチームのメンバーも、興味を持ってアクセスしようという気持ちが高まることが期待できます。

1	Swayにアクセスし、サインインします。
2	［新規作成］をクリックします。

3	タイトルを入力し、

4	［背景］をクリックして背景画像を追加します。
5	［デザイン］をクリックします。

6	「スタイル」から、好みやテーマに合わせたスタイルをクリックして選択します。	7	［共有］をクリックします。

8	⬚ （リンクのコピー）をクリックし、Teamsの投稿で貼りつけて共有します。

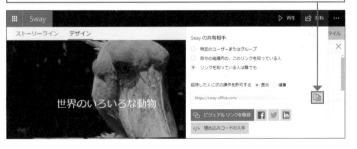

③ 授業の活用例：小学校低学年段階でのプレゼン資料作成

 解説

文字入力に集中して資料作成できる

Swayの操作に関わるアイコンは、小学校低学年段階でも理解できるような表示となっています。そのため、文字入力に集中して資料作成ができるため、低学年の子どもでも、自信を持ってプレゼンテーション資料を作成することが期待できます。

⚠️ **注意**

画像の著作権に関する指導

画像を挿入する際、「Creative Commons（クリエィティブコモンズ）のみ」というチェックマークがあります。授業者は「著作権法第35条」や「授業目的公衆送信補償金制度」に基づいて、学習者への適切な利用と著作権者への配慮を指導する必要があります。

💡 **ヒント**

「リミックス！」でデザイン変更

[デザイン]タブの「スタイル」で[リミックス！]をクリックすると、ランダムにデザインが変更されます。低学年の子どもにも、好みのデザインをかんたんに選ばせることができます。

▶ 2年生活科「自分 はっけん」（大日本図書）での例

1 87ページを参考に新規作成でタイトルを入力し、

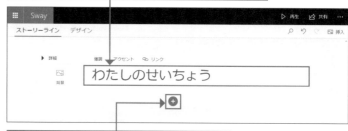

2 ⊕（コンテンツの挿入）をクリックします。

3 [見出し1]をクリックします。

4 内容を入力します。

5 [デザイン]タブをクリックし、

6 「スタイル」から[スライド]をクリックします。

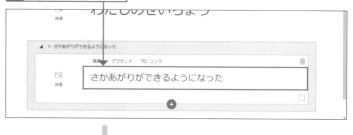

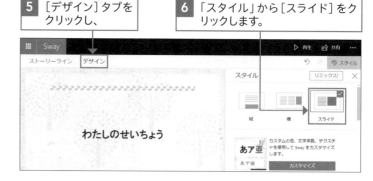

④ 校務の活用例：特設 Web サイトの作成

 解説

手軽に Web サイトが公開できる

スタイルを「縦」にすることで、手軽にWebサイトを作成することができます。スマートフォンやタブレットで閲覧する際、画面比も最適化されます。また、内容を更新する必要が出た場合でも、共有したリンクを変更することなく、随時更新することができます。

▶ **文化祭 Web サイトの作成の例**

1 87〜88ページを参考に新規作成でタイトルや見出しを追加し、

2 ［デザイン］をクリックし、

3 「スタイル」から［縦］をクリックします。

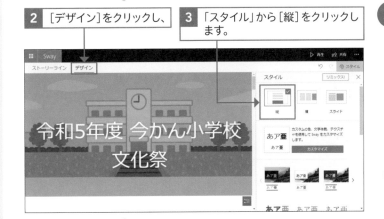

4 ［共有］をクリックし、

5 「Swayの共有相手」で「リンクを知っている人は誰でも」をオンにします。

6 （リンクのコピー）をクリックし、適宜共有します。

 注意

URL 共有の際の「編集」ボタン

Swayでは、共同編集ができる機能もあります。「共有」からURLを取得する際、「招待した人に次の操作を許可する」の「編集」をオンにすることで可能となります。ただし、Webサイトを一般に公開する際に「編集」をオンにしてしまうと、誰もが編集可能となってしまいます。誤って共有しないよう、注意が必要です。

ここで学ぶこと

・ファイル
・共同編集
・リンク

最近の学習者にとってとても身近なツールの1つが、動画共有サイトです。Streamを活用することで、組織内に限定した形で、動画を扱う方法を安全に学ぶことができます。

① どんなアプリ？

解説

組織内に限定して動画を視聴できる

Streamは、組織内に限定された動画共有サイトのため、外部に流出するリスクが軽減されます。Teamsの投稿やファイルにも動画をアップロードすることができますが、Streamを活用することによって、概要説明の追加や視聴回数、「いいね！」の数の確認、関連動画の視聴などのさまざまな機能を安全に使うことができます。

補足

タブにStreamの動画を追加する方法

Streamにアップロードされた動画やチャンネルを、Teamsのタブに追加する場合は、URLや動画の名前を入力する必要があります。タブの追加方法は、50〜51ページを、Streamの動画のURLの取得方法は91ページを参照してください。

▶ Streamで動画を視聴している画面

▶ TeamsタブでStreamのチャネルを追加した画面

② 動画をアップロードする方法

 補足

動画のファイル形式

Streamにおいてサポートされている動画のファイル形式は、以下の通りです。もっともアクセスしやすい動画のファイル形式は「.mp4」です。

- FLV（H.264 および AAC コーデックつき）(.flv)
- MXF (.mxf)
- GXF (.gxf)
- MPEG2-PS、MPEG2-TS、3GP (.ts、.ps、.3gp、.3gpp、.mpg)
- Windows Media ビデオ（WMV）／ASF (.wmv、.asf)
- AVI（非圧縮 8ビット／10ビット）(.avi)
- MP4 (.mp4, .m4v)／ISMV (.ismv)
- Microsoft デジタル ビデオ レコーディング（DVR-MS）(.dvr-ms)
- Matroska／WebM (.mkv)
- QuickTime (.mov)

 注意

「アクセス許可」の設定

動画アップロード設定時の「アクセス許可」には、「社内の全員にこのビデオの閲覧を許可する」というチェックボックスがあります。これをオンにすると、自治体交付のアカウントであれば、学校を超えたすべての人が視聴できるようになります。自治体における研修などでは有効活用できますが、児童の作品の共有などの場合には、必ずチェックを外しましょう。

1 ブラウザーでStream (https://web.microsoftstream.com/) にアクセスします。

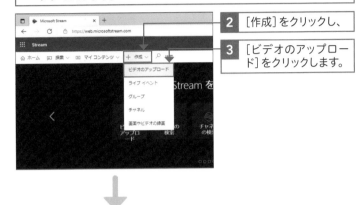

2 [作成]をクリックし、

3 [ビデオのアップロード]をクリックします。

4 アクセス許可や著作権などに関する同意事項を確認します。

5 アップロードする動画ファイルをドラッグするか、[参照]をクリックして選択します。

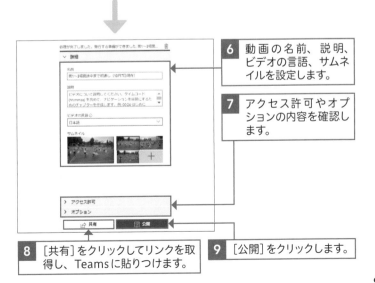

6 動画の名前、説明、ビデオの言語、サムネイルを設定します。

7 アクセス許可やオプションの内容を確認します。

8 [共有]をクリックしてリンクを取得し、Teamsに貼りつけます。

9 [公開]をクリックします。

③ 授業の活用例：運動会練習動画をまとめて共有

解説

「チャネル」で関連動画を整理

Streamにおける「チャネル」は、Teamsのチャネルとは異なり、関連動画を整理するために使うことができる機能です。今回の例のように、運動会の練習中の動画を教師が撮影し、「チャネル」で整理することによって、学習者が見やすくなります。

補足

「チャネル」のリンクの取得方法

Streamの「チャネル」のリンクは、チャネル名の右側の … →［共有］の順にクリックすることで取得できます。

ヒント

「チャネル」のフォロー

Streamの「チャネル」には、フォローをしている人の数が表示されます。フォローをすることで、Streamのトップ画面に表示されるようになります。

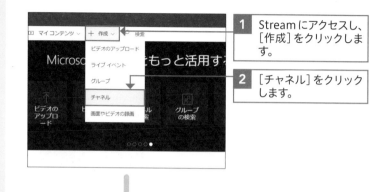

| 1 | Streamにアクセスし、［作成］をクリックします。 |
| 2 | ［チャネル］をクリックします。 |

3 「チャネル名」にまとめたい動画の名前を入力し、「説明」にチャネルの説明を入力します。

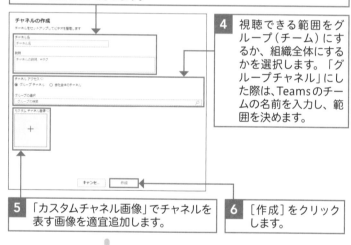

4 視聴できる範囲をグループ（チーム）にするか、組織全体にするかを選択します。「グループチャネル」にした際は、Teamsのチームの名前を入力し、範囲を決めます。

5 「カスタムチャネル画像」でチャネルを表す画像を適宜追加します。

6 ［作成］をクリックします。

7 チャネルに追加したい動画の「アクセス許可」の設定で、「共有する相手」を［チャネル］に設定します。

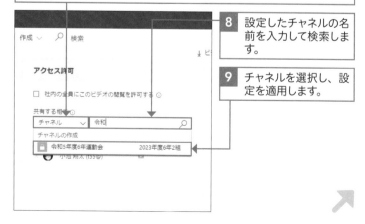

8 設定したチャネルの名前を入力して検索します。

9 チャネルを選択し、設定を適用します。

10 [マイコンテンツ]→[チャネル]の順にクリックすることで、アップロードした動画ファイルを閲覧できます。

④ 校務の活用例：Teams会議レコーディング動画の共有

解説

Teams会議レコーディングの保管場所

Teams会議のレコーディング動画は、以前はStreamに自動保存されていました。しかし、2021年3月前後のアップデート以降は、Teams会議で使用していたOneDriveの「レコーディング」というフォルダーに格納されるようになりました。

1 92ページ手順1〜5を参考にビデオのアップロード画面を表示し、[参照]をクリックします。

Teams会議でレコーディングした動画が見られるよう、OneDriveに接続しておきます（94ページ参照）。

2 アップロードしたい動画ファイルをクリックして選択し、

3 [開く]をクリックします。

補足

Teamsの「新しい投稿」でのStream動画の表示形式

Teamsの「新しい投稿」下部にある （Stream）からリンクを貼りつけることで、以下のように強調して表示されるようになります。

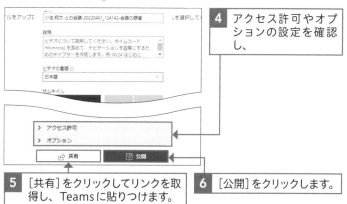

4 アクセス許可やオプションの設定を確認し、

5 [共有]をクリックしてリンクを取得し、Teamsに貼りつけます。

6 [公開]をクリックします。

Section
21 その他のアプリとの組み合わせを知ろう

ここで学ぶこと

・フォルダー同期
・投稿の自動化
・ショート動画

本セクションでは、その他のアプリとの組み合わせとして、フォルダー同期ができる「OneDrive」、投稿の自動化ができる「Power Automate」、ショート動画で交流できる「Flip」の3つを紹介します。

① Teamsのフォルダーを同期〜OneDrive

 解説

Teamsを開かなくても ファイル管理ができる

必要なチャネルのファイルは、[同期]をクリックすることによって、エクスプローラーからのアクセスが可能になります。

 注意

同期したファイル／フォルダー の削除

同期したファイルやフォルダーを、ローカルに保存しているファイルやフォルダーと同様に、自分のものであると考えて削除してしまうと、そのチャネルのチームのメンバー全員がアクセスできなくなってしまいます。誤って消すことがないようにする必要があります。

💡 **ヒント**

誤って削除したファイルの 復元方法

もし誤って削除してしまったファイルを復元したい場合は、一定期間内に社内ポータル「SharePoint」にアクセスし、「ごみ箱」から操作できます。

1 [ファイル]をクリックし、[同期]をクリックすることで、個人用クラウドストレージ「OneDrive」が自動的に起動されます。

2 エクスプローラーのOneDriveから、Teamsのファイル／フォルダーにアクセスできます。

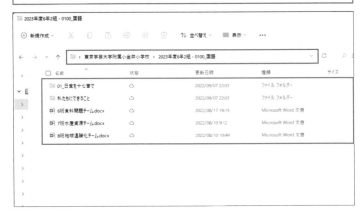

② 投稿の自動化〜 Power Automate

💬 **解説**

さまざまな作業が自動化できる

Power Automate (旧称 Flow) は、さまざまな作業が自動化できるアプリです。今回は Teams の投稿の自動化を例にしましたが、そのほかにもメールやアンケートフォーム、スケジュールなどのアプリとも連動して設定することができます。

🔍 **重要用語**

ローコード

Power Automate は、一見するとプログラミングの専門知識が必要のように見えます。しかし、プログラミングに関するコードをほとんど使用せず、開発することができます。このように、コードをほとんど使用しないことを「ローコード」といいます。業務に直接関わる人たちの手で、直面している課題を自動化によって解決を目指すことには、大きな可能性があります。

1 ブラウザーで Power Automate (https://make.powerautomate.com/) にアクセスします。

2 Teams に関する「アクション」を選択し、自動で投稿したい文言の入力や各種設定を行います。

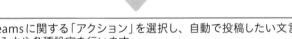

3 設定した時刻などに、チャネルへ自動投稿がされます。

③ ショート動画の共有と交流〜Flip

💬 解説

ショート動画SNSに近い感覚で使える

Flip（旧称 Flipgrid）は、もともと教育向け動画アプリとして開発されました。若い世代で流行しているショート動画SNSに近い感覚で利用できるため、学習者にとっても気軽に交流することができます。

✏️ 補足

顔を出さずに交流できる

自分自身の顔を出して動画撮影をして、情報発信することに対して、躊躇してしまう学習者もいると考えられます。Flipでは、ステッカーを使って顔を隠したり、音声のみ録音して交流したりすることもできます。

1 ブラウザーでFlip（https://flip.com/）にアクセスしてサインインし、グループとトピックを作成します。

2 トピックの設定で、タイトル、説明、録画（録音）、可能時間、サムネイルなどを設定し、共有用URLを取得します。

3 Teamsの投稿やタブにリンクを貼りつけて、学習者が動画をアップしたり、コメントで交流したりします。

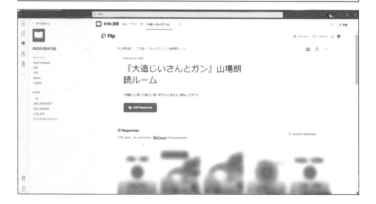

第 **4** 章

Teams for Educationの
教育向け機能を活用しよう

Teams for Educationの教育向け機能を活用しよう

▶ オンラインにもクラスを作るという意識を

学級担任をすることになる教員であれば、4月の「学級開き」をどのように迎えるかを、さまざま考えていくことになるはずです。学級で1年間どのようなことを大切にしたいか、教室環境をどのように整備するか、子どもたちどうしの関係をどのように作るか……こうした実践知はいろいろな形で集積されてきました。

GIGAスクール構想が始まった今は、オンラインでの「学級開き」をどうするかを考えることも、大切になってきているといえるのではないでしょうか。Teams for Educationのようなコミュニケーションツールを、単に子どもたちに紹介したり、教師が指示して制限する範囲で使わせたりするだけでは、子どもたち主体の活用にはならないはずです。

本章で紹介していくクラスやチャネルの作り方や学習者の招待方法、各種運用の方法は、操作の仕方としては1つかもしれませんが、教師の個性がさまざま現れていく場面でもあります。使い始めの段階では、学習者を守ろうとするあまり、制限をかけることを考えていくことが多くなってしまうかもしれません。しかし、段階的に制限を緩くしていく見通しを立てたり、クラスに愛着が持てるような設定を考えたりすることも、非常に大切になっていきます。

本章で紹介していくTeams for Educationの操作方法の多くは、家庭向け、一般法人向け、大企業向けのTeamsには実装されていない、教育向け特有の機能となります。「所詮オンラインだから」と特別視するのではなく、子どもたちのためを考えた活用を一緒に考えていきましょう。

●対面とオンラインでのクラス作り

	対面（教室）	オンライン（Teams）
クラスの作成 （100ページ）	・教室を掃除する ・掲示物を整える	・チームを作成する ・学年教員をメンバーにする
学習者を招待 （104ページ）	・教室に案内する ・座席位置を確認する	・チームコードを取得する ・チームコードから参加させる
チャネルの作り方と運用 （108ページ）	・教科書とノートの使い方 ・係活動や学級ノートの使い方	・各教科に分けたチャネル作成 ・教科以外のチャネルの作成
チームやチャネルの各種設定 （112ページ）	・学級委員の決定 ・学級のルール作り	・チーム所有者の設定 ・アクセス許可の管理

▶ 日々アップデートされる教育向け機能

本章では、「課題」、「クラスノート（OneNote Class Notebook）」、「Reflect（リフレクト）」、「Insights（インサイツ）」の4つの教育向け機能を紹介します。いずれも教育機関のフィードバックを経て、日々アップデートされています。ここで紹介していく画面や操作についても、すぐに改善されることが考えられます。変更されていた場合でも、それは教育現場に向けてよりよい内容になっているはずです。ここで紹介している内容を踏まえて、機能の目的と操作の勘所をつかんでいきましょう。

●課題

ファイルの提出や成績管理を効率的にできるツールです。

●クラスノート（OneNote Class Notebook）

OneNoteのページの配布やコメントをつけることを効率的にできるツールです。

● Reflect（リフレクト）

学習者の気持ちの変化や学級の傾向を効率的に把握することができるツールです。「Reflect」が表示されない場合は、アカウント管理をしている自治体などが、表示できない設定にしていることが考えられます。

● Insights（インサイツ）

チームのコミュニケーション状況や学習者の利用状況を分析できるツールです。「Insights」が表示されない場合は、アカウント管理をしている自治体などが表示できない設定にしていることが考えられます。

Section

22 | クラスを作成しよう

ここで学ぶこと

・チームの作成
・チームの種類
・メンバーの追加

Teams for Education でチームを作成する際は、教育機関の状況に合わせた適切なチームの種類が表示されるようになります。メンバーの管理の方法も含めて、クラスの作成方法を紹介します。

① チームを作成して種類を選択する

✎ 補足

レイアウトの設定が「リスト」の場合

Teamsの設定でチームのレイアウト表示が「リスト」となっている場合は、[チームに参加、またはチームを…]のボタンがリストの最下部に表示されます。

⚠ 注意

「チームの作成」が表示されない場合

手順 3 で [チームの作成] のボタンが表示されない場合は、アカウント管理者である自治体などが、トラブル防止の観点でチーム作成を許可していない設定にしていることが考えられます。

1	サイドバーの[チーム]をクリックし、

2	[チームに参加/チームを作成]をクリックします。

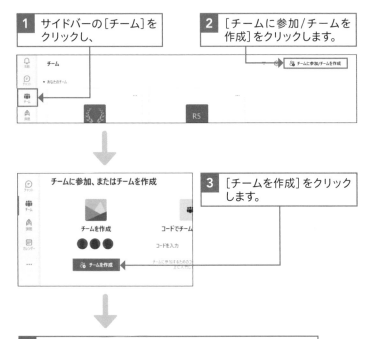

3	[チームを作成]をクリックします。

4	17ページを参考に、希望するチームの種類を選択します。

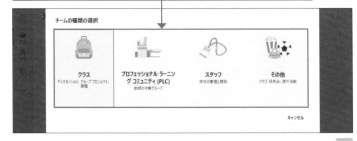

名前のつけ方

チームの作成時の名前は、長期的な視点でどう運用するか、短期的な視点でどう活用していくか、を踏まえて検討しましょう。今回の例は、長期的な視点では「1年ごとでチームを運用していくこと」、短期的な視点では「クラス単位で教科などのチャネルを作って活用すること」を想定しています。

既存のチームをテンプレートにする

チームの名前を入力する画面の下部に、[既存のチームをテンプレートとしてチームを作成します]というボタンがあります。これを選ぶことで、チャネルなどの各種設定を、そのまま引き継いでチームを作成することができます。詳しい設定方法は、111ページで紹介します。

「クラス」以外のプライバシー設定

チームの種類を「クラス」以外にすると、「プライバシー」という設定が表示されます。「パブリック」にすると、同じ組織に所属するメンバーが[チームに参加/チームを作成]をクリックしたときに、一覧に自動表示されるようになります。

---

5 チームの「名前」と「説明」を入力し、

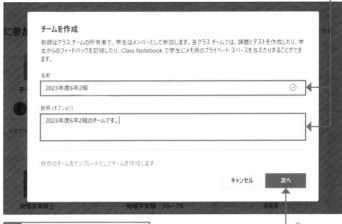

6 [次へ]をクリックします。

7 「学生」と「教職員」それぞれのアカウント名を入力し、ユーザーを追加します(あとでも追加可能)。

8 [スキップ]または[閉じる]をクリックします。

9 チームの作成が完了しました。

② メンバーを追加、管理、削除する

💬 解説

初学者や少人数の場合の追加方法

ここで紹介するメンバーの追加方法は、追加する人が都度アカウントを入力する必要が出てきます。よって、クラスの人数が多くなると、非常に膨大な手間が発生します。104ページからは、学習者を招待する形でのメンバー追加の方法を紹介しています。この方法は、メンバー追加をする人にとっては、手間が大幅に省ける方法といえます。ここで紹介するメンバーの追加方法は、104ページから紹介する招待の方法が難しい初学者や、少人数のチームを作成する場合に有効です。

💡 ヒント

所属しているメンバーを検索する

チームのメンバーが増えてきた場合や、あらかじめ多くのメンバーが招待されている場合、どんなメンバーが所属しているのかが見つけづらくなります。これを確認したい場合は、[メンバーを検索]をクリックし、アカウント名を入力します。

1 [メンバーを検索]をクリックします。

2 検索したいメンバーのアカウント名を入力すると、

3 候補のアカウントが表示されます。

1 チーム名の横にある … をクリックし、

2 [チームを管理]をクリックします。

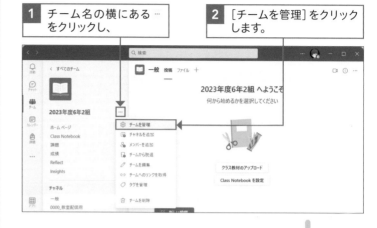

3 [メンバーを追加]をクリックします。

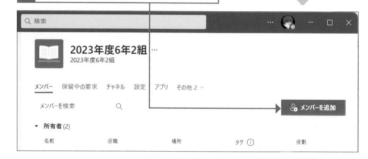

4 メンバーとして追加したい学習者のアカウント名を入力し、

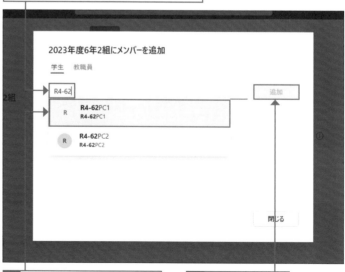

5 候補として表示されたアカウントを選択します。

6 [追加]をクリックします。

解説

ゲストをチームに招待する

管理設定によっては、外部講師や保護者など、組織に所属していない人をゲストとしてチームに招待できる場合があります。その場合は、102ページ手順 4 の画面でMicrosoftアカウント（またはそれを取得するためのメールアドレス）を入力することで登録できます。詳しくは188ページを参照してください。

1 Microsoftアカウント（またはそれを取得するためのメールアドレス）を入力します。

2 ［○○をゲストとして追加］をクリックし、

3 ［追加］をクリックします。

4 「ゲスト」の扱いで追加されます。

5 招待したアカウントのメールアドレス宛に、MicrosoftからTeams自動招待メールが届きます。

7 メンバーが追加されます。

8 ［閉じる］をクリックします。

9 「メンバーおよびゲスト」の欄に、追加した学習者のアカウントが表示されるようになります。

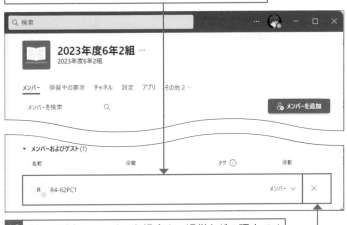

10 誤って追加してしまった場合や、退学などの理由でメンバーから削除したい場合は、 × をクリックします。

11 メンバーから削除されていることが確認できます。

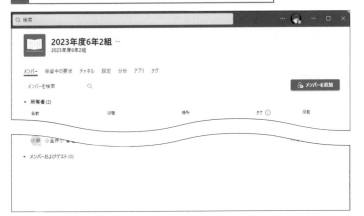

Section

23 学習者を招待しよう

ここで学ぶこと

・チームコード
・チームの参加
・チームへのリンク

チームを作成するときに、学習者を追加する方法のほか、学習者を招待する方法もあります。これにより、効率的に設定することが可能となります。ここでは、チームコードとリンクの2つの方法を紹介します。

① 所有者がチームコードを取得する

💬 解説

大人数の場合のメンバーの追加方法

102ページで解説したように、今回のチームコードをもとにしたチームの招待は、大人数でも手間を省くことができます。他方、106ページで紹介するように、学習者がチームに参加するためにチームコードを入力する手間が発生してしまいます。これを問題なく操作できる学習者を対象とした場合は、非常に便利であるといえます。

⚠️ 注意

メンバーはチーム設定ができない

チームの［設定］は、チームの所有者でないと表示されません。メンバーがチームの設定をしようとしても、ボタンが表示されません。

1 チーム名の横にある … をクリックし、

2 ［チームを管理］をクリックします。

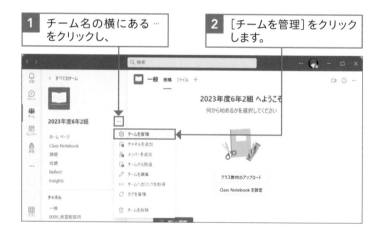

3 ［設定］をクリックし、

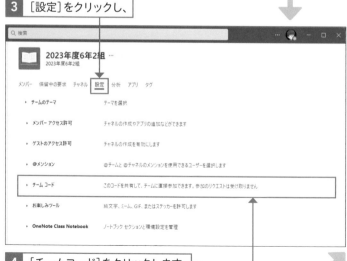

4 ［チームコード］をクリックします。

注意

ゲストはチームコードから参加不可

ここで紹介したチームコードの取得を踏まえて、106ページから紹介していくチームへの参加の方法をゲストが行っても、チームに参加することはできません。同じ組織に所属するアカウントが、セキュリティ保護などが行われた前提で、活用できる機能であると捉えましょう。

---

5 [生成]をクリックします。

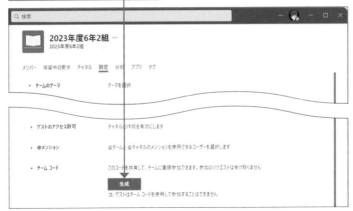

6 英数字のチームコードが生成されます。

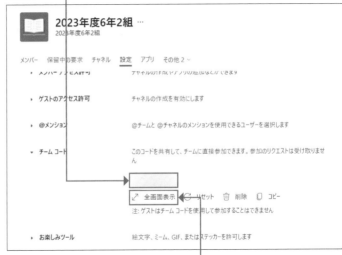

7 教室などで学習者に投影する場合は、[全画面表示]をクリックします。

8 チームコードが大きな文字で表示されます。

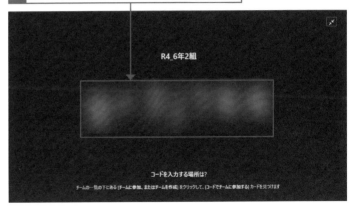

学習者がチームコードを入力して参加する

⚠️注意

小学校低学年の英語 小文字タイピング

チームコードの入力をする際、英語の小文字のタイピングができる必要があります。小学校低学年段階であると、それが難しいことが考えられます。その場合は、107ページで紹介する「チームへのリンク」から招待する方法か、102ページで取り上げた方法で追加をしましょう。

✏️補足

所有者は承認不要

学習者がチームコードからチームメンバーとして参加する場合は、所有者が参加のリクエストを受けて承認する必要はありません。チームコードを共有したことで、直接参加ができるということになります。

✏️補足

リンクから招待すると 有効な場面

1学年で1学級などの小規模校や、クラス替えがない学級でチームの年度切り替えを行う場合は、前年度のチームに新年度チームのリンクを貼りつけて投稿すると、効率的に移行作業ができます。ただし、1学年で複数学級の場合などは、学習者が誤って別学級のチームへのリンクにアクセスしてしまうなどのリスクが考えられます。その場合は、チームコードを使って参加するほうがよいでしょう。

1 サイドバーの[チーム]をクリックし、

2 [チームに参加/チームを作成]をクリックします。

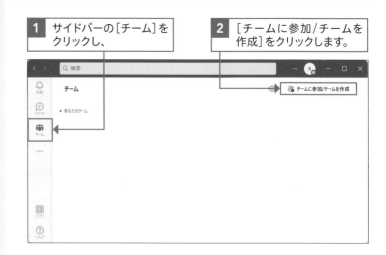

3 「コードを入力」の入力欄に、所有者が発行したチームコードを正確に入力します。

4 [チームに参加]をクリックします。

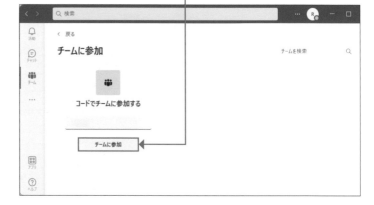

5 チームに参加できました。

③ チームへのリンクから招待する

ゲストはリンクから参加不可

組織外のゲストがチームへのリンクにアクセスしても、チームに参加することはできません。チームコードと同様、同じ組織に所属するアカウントが、セキュリティ保護などが行われた前提で、活用できる機能であると捉えましょう。

1 チーム名の横にある … をクリックし、

2 [チームへのリンクを取得] をクリックします。

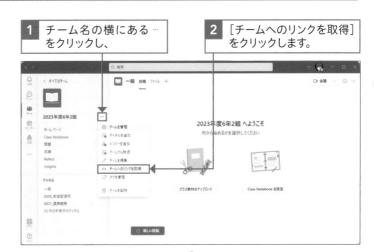

アプリ外からリンクにアクセスした場合

アプリ外からチームへのリンクにアクセスした場合、以下のようにブラウザーが起動して、Teams アプリで起動するか確認する画面が出てきます。

3 [コピー]をクリックすると、リンクがコピーされます。コピーしたリンクを任意の場所に貼りつけて、過去に所属していたチームの投稿などで学習者へ共有します。

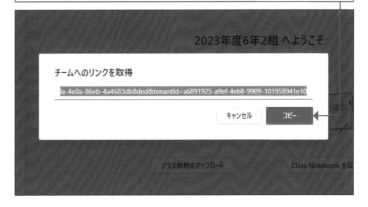

Section 24 | チャネルの作り方と運用方法を学ぼう

ここで学ぶこと

・チャネル
・プライベートチャネル
・モデレーション

チャネルの作り方と運用方法は、学習者の実態に合わせて考えていく必要があります。今回は、単にチャネルを追加する方法だけでなく、プライベートチャネルやモデレーションなどの運用の方法も紹介していきます。

① 新しいチャネルを追加する方法

解説

話題をチャネルで分ける

101ページで紹介したように、長期的／短期的な視点で、チームの名前に合わせたチャネルを作っていきましょう。今回の例は、101ページと同様に長期的な視点では「1年ごとでチームを運用していくこと」、短期的な視点では「クラス単位で教科などのチャネルを作って活用すること」を想定しています。そこで、国語のチャネルを作っています。

注意

チャネルの並べ替えはできない

チャネルの並び方を所有者が設定したり、ユーザーが各自で変えたりすることはできません。チャネルの名前の先頭に「00国語」「01社会」などと数字をつけることで、メンバーが見やすいように番号順に整理することが可能となります。ただし、「一般チャネル」は必ず先頭に表示されます。

| 1 | チーム名の横にある … をクリックし、 |
| 2 | [チャネルを追加]をクリックします。 |

| 3 | チャネルの「名前」と「説明」(任意) を入力します。 |

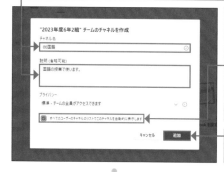

| 4 | すべてのユーザーにチャネルを自動的に表示させたい場合は、「すべてのユーザーのチャネルのリストでこのチャネルを自動的に表示します」にチェックを入れます。 |
| 5 | [追加]をクリックします。 |

| 6 | 新しいチャネルが追加されました。 |

② 限定メンバーの「プライベートチャネル」の作り方

チャットの代わりとして有効な機能

「プライベートチャネル」は、チャット機能が自治体などの管理設定で制限されている場合でも、閉じた環境でやり取りできる優れた機能です。Teams for Education に使い慣れてきたり、小学校高学年ごろで周りからの目を気にしたりする時期に、プライベートチャネルを活用することで、コミュニケーションの活発化が期待できます。

補足

あとからのメンバーの追加方法

プライベートチャネルであとからメンバーを追加する場合は、チャネル名の横にある ・・・ →[メンバーを追加]の順でクリックします。そのあとはチャネル作成時と同様の画面が表示されます。

注意

チャネルの作成数の上限

Teamsのチャネル数は、最大200（削除されたチャネルも含む）となっています。削除されたチャネルは、30日以内に復元することができるためです。プライベートチャネル数は、最大30となっています。

1 108ページ手順 **3** の画面で「プライバシー」の[プライベート-特定のチームメイトがアクセスできます]を選択し、

2 [作成]をクリックします。

3 チーム作成時と同様の手順で、プライベートチャネルに登録したいアカウント名を入力し、

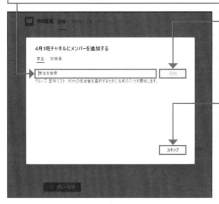

4 [追加]をクリックします（あとから追加も可能）。

5 メンバーを追加しない場合は[スキップ]、メンバーを追加した場合は[完了]をクリックします。

6 チャネル名のうしろに鍵のマークがついたプライベートチャネルが追加されました。

③ チャネルの投稿者をモデレーション（制御）する

教師専用のアナウンス用のチャネルに

すべてのチャネルで学習者などのメンバーに投稿を許可してしまうと、予期せぬ投稿がされてしまって、本来目指したチャネルの運用が実現しないことが考えられます。このとき、チャネルのモデレーションをオンにすることで、メンバーは投稿できずに閲覧専用のチャネルになります。

デジタル連絡帳などでの活用

モデレーションをオンにすることが有効な例として、「デジタル連絡帳」が挙げられます。連絡帳は一般的に、教師から学習者に向けて一方的に連絡します。そのため、学習者が誤って投稿しないようにするために、モデレーションをオンにすると便利です。詳しい活用例については、156ページで紹介します。

一般チャネルのモデレーション

一般チャネルの「チャネル設定」で「モデレーション」を設定する場合は、次の3つの選択のみとなります。1つ目は「誰でもメッセージを投稿」という設定、2つ目は1つ目に加えて「投稿が全員に通知されることを示すアラートが表示」という設定、3つ目は「所有者だけがメッセージを投稿」という設定です。

1 チャネル名の横にある … をクリックし、

2 ［チャネルを管理］をクリックします。

3 「チャネルのモデレーション」を［オン］に設定します。

4 「モデレーター一覧」の設定を確認し、必要に応じて［管理］をクリックして所有者以外のメンバーを追加します。

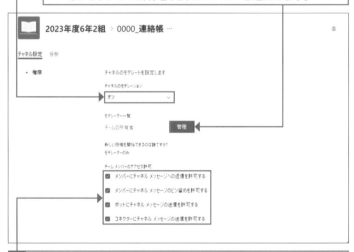

5 「チームメンバーのアクセス許可」の項目のチェックを必要に応じて外します（下表参照）。

「チームメンバーのアクセス許可」の意味	
「メンバーにチャネルメッセージへの返信を許可する」	「オフ」にすると、メンバーが返信ができなくなります。
「メンバーにチャネルメッセージのピン留めを許可する」	「オフ」にすると、メンバーが投稿の「固定」メニューができなくなります。
「ボットにチャネルメッセージの送信を許可する」	「オフ」にすると、Power Automateを活用した自動投稿ができなくなります。
「コネクターにチャネルメッセージの送信を許可する」	「オフ」にすると、コネクター（自動配信機能）を使用した投稿ができなくなります。

④ チーム作成時に既存チームのチャネル設定を引き継ぐ

メンバーを除いてチャネルのみを引き継ぐことも可能

たとえば、前年度に6年生の担任をしていて、新年度に別学年の担任をする場面を想定してみましょう。6年生で使用していたチャネルを、そのまま新しい4年生のチームに反映させたいと考えられるかもしれません。その際、今回のようなメンバーを除いたチャネルのみの引き継ぎが有効活用できます。

メッセージやファイルは削除される

今回紹介した形でチャネルをコピーした場合、そのもととなったチームのメッセージやファイルは、新しいチームでは引き継がれません。

補足

チャネルの自動表示の上限

メンバーに自動的にチャネルを表示できるように設定することができる数は、上限10までとなっています。慣れていない段階ではじめからチャネルを作りすぎてしまうと、メンバーが混乱してしまう可能性があります。チームの所有者は試行錯誤を前提としながらも、チャネルを作る数は配慮する必要があります。

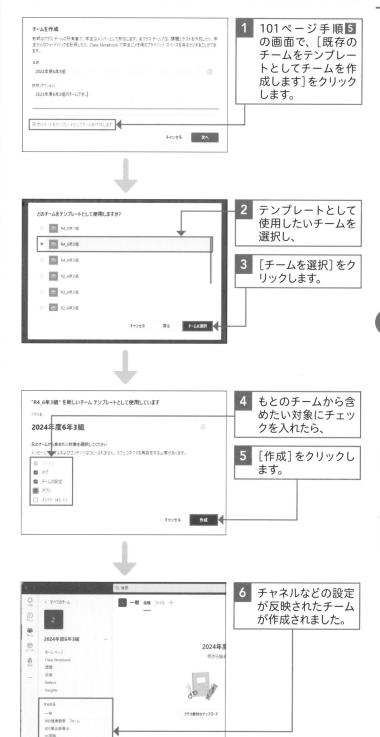

1 101ページ手順**5**の画面で、[既存のチームをテンプレートとしてチームを作成します]をクリックします。

2 テンプレートとして使用したいチームを選択し、

3 [チームを選択]をクリックします。

4 もとのチームから含めたい対象にチェックを入れたら、

5 [作成]をクリックします。

6 チャネルなどの設定が反映されたチームが作成されました。

Section

25 | チームやチャネルの各種設定を確認しよう

ここで学ぶこと

・メンバーの管理
・アクセスの許可
・チャネルの表示

チームやチャネルの作成方法を踏まえて、ここでは各種設定を確認する方法を紹介します。今回は教育現場での活用が想定される、メンバーの管理、アクセスの許可、チャネルの表示を取り上げます。

① 所有者がメンバーの管理を行う

💬 解説

チーム設定の基本となるメンバー管理

チーム設定において、メンバーの管理はもっとも基本となる内容です。所有者は、メンバーを削除したり、役割を変更したりすることができます。

⚠️ 注意

所有者は2人以上にする

移動や退職により、チームの所有者が1人もいなくなってしまうと、メンバーの追加などの設定が一切行えなくなってしまいます。所有者が1人もいない状態で、メンバーを所有者の役割に変更するためには、別途アカウントの管理権限のある自治体などに問い合わせる必要が発生してしまいます。これを避けるためにも、所有者は2人以上にしておくとよいでしょう。

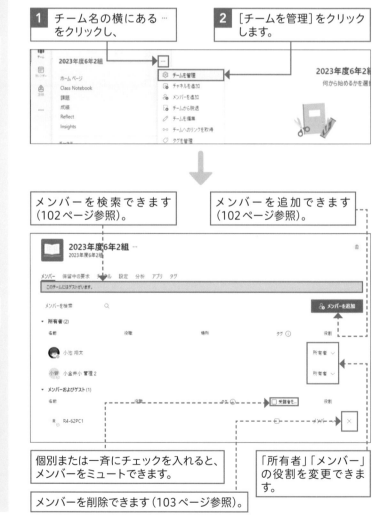

1 チーム名の横にある … をクリックし、

2 [チームを管理] をクリックします。

メンバーを検索できます（102ページ参照）。

メンバーを追加できます（102ページ参照）。

個別または一斉にチェックを入れると、メンバーをミュートできます。

メンバーを削除できます（103ページ参照）。

「所有者」「メンバー」の役割を変更できます。

② 所有者がアクセス許可の管理をする

💬 解説

**投稿の削除・編集に関する
制限が可能**

初学者や幼い学習者が使用する場合、投稿した内容を削除・編集できる機能でトラブルが発生する可能性があります。こうした場合、このアクセス許可の管理の設定を変更することで対応できます。

⚠️ 注意

**管理者の設定（ポリシー）が
優先**

このアクセス許可の設定において、投稿の削除・編集に関する制限を設定しても、それが反映されないことがあります。これは、アカウントの発行管理者による設定（ポリシー）が優先されていることが原因と考えられます。

1 チーム名の横にある … をクリックし、［チームを管理］をクリックします。

2 ［設定］をクリックします。

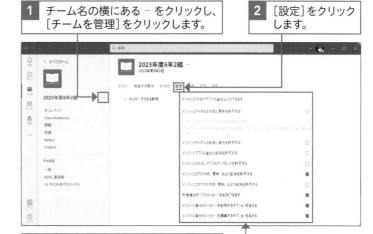

3 必要に応じて、「メンバーアクセス許可」の項目のチェックを変更します。

③ チャネルの表示・非表示設定

💬 解説

**チャネルの表示設定を
一括で設定**

自分向けのチャネルの表示・非表示設定は、各チャネル名の横にある … をクリックすることで、都度設定できます。これを一括で設定するには、ここで紹介した方法が便利です。

1 チーム名の横にある … をクリックし、［チームを管理］をクリックします。

2 ［チャネル］をクリックします。

3 「自分向けに表示」「メンバー向けに表示」から、それぞれチャネルの表示設定を変更できます。

ここで学ぶこと

・課題
・割り当て
・作成

Teams for Education特有の機能として「課題」があります。これを活用することで、学習者の提出物の管理が飛躍的に効率化できます。まずは、課題の割り当ての基本となる作成方法を紹介します。

① 課題の基本的な作成と割り当てを行う

解説
プリントの印刷、配布、管理が飛躍的に効率化できる

ここで紹介していく課題の基本的な作成と割り当ての方法を紙に置き換えると、プリントを印刷して配布するのと同義といえます。Teams for Educationの課題であれば、ファイルの提出やコメントや採点をしたうえでの返却、再提出、提出期限の通知などをスムーズに行うことができます。Teamsの醍醐味はチーム内でのコミュニケーションにありますが、対教師との限定的な空間でのコミュニケーションも学習者にとっては重要です。

注意
課題を作成するための条件

課題の[作成]や[課題の作成]でチーム（クラス）を表示するためには、条件があります。まず、「チームの作成」の際のチームの種類を「クラス」にしている必要があります。また、自分自身が所有者であることも必要です。

1 ［課題］をクリックします。

2 ［作成］をクリックし、

3 ［課題］をクリックします。［既存の課題から］をクリックすると、これまで使用してきた課題の内容が複製されたうえで、設定を確認できます。

4 課題を作成するチーム（クラス）を選択します。

5 ［次へ］をクリックします。

補足

課題を解くための ファイルなどの送信

「手順」の入力欄の下部にある[添付]をクリックすると、「OneDrive」「クラスノートブック」「リンク」「Teams」「音読の練習」「このデバイスからアップロード」のいずれかを選択し、それぞれメンバーにファイルなどを添付して送ることができます。なお、「音読の練習」の詳しい方法は、137ページで紹介します。

補足

メンバーからの 課題配布の見え方

これまでの説明は、すべて所有者の目線で課題を管理する前提でした。メンバーの目線で、配布された課題がどのように表示されるかを確認する場合は、課題の割り当てが完了した画面の右上にある … →[受講者ビュー]の順にクリックします。

---

6 「タイトル」「手順（課題の説明）」「点数」「割り当てるユーザー」「期限日時」を設定します。

7 「設定」の確認のために下方向へスクロールします。

8 「予定表」「チャネルの投稿」「提出遅延通知」に関する設定を行います。

9 [割り当てる]をクリックします。

10 課題の割り当てが完了しました。

ここで学ぶこと

・ルーブリック
・評価基準
・パフォーマンス課題

課題の作成時に、評価基準である「ルーブリック」を作成することができます。これにより、効率的にパフォーマンス課題（さまざまな知識や技能を応用して取り組むような課題）の評価を教師が行うことができます。

① ルーブリック（評価基準）の作成

🗨 解説

ルーブリックで評価指針を明確にする

「ルーブリック」とは、「成功の度合いを示す数レベル程度の尺度と、それぞれのレベルに対応するパフォーマンスの特徴を示した記述語（評価規準）からなる評価基準表」のことです（引用：文部科学省(2016)『学習評価に関する資料 − 平成28年総則・評価特別部会 資料6-2』、28ページ）。こうした評価基準を学習者に提示することで、評価指針が明確化されます。

✏ 補足

尺度の追加と削除

尺度を追加する場合は、＋ をクリックすることで項目が増えます。尺度を減らす場合は、減らしたい項目を下図のように選択することで、削除のための 🗑 が表示されます。

1 114〜115ページを参考に「新しい課題」の設定まで進み、［ルーブリックの追加］をクリックします。

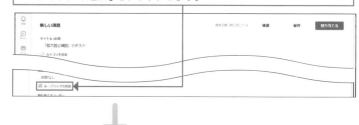

2 ［ルーブリックの追加］をクリックします。

3 ルーブリックの「タイトル」「説明」「点数」を入力し、

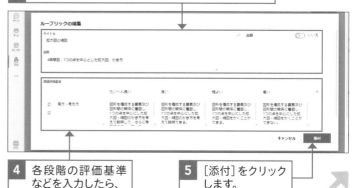

4 各段階の評価基準などを入力したら、

5 ［添付］をクリックします。

注意

ルーブリックの作成スキル

ルーブリックを作成しても、たとえば「大変良い」と「良い」の境界が曖昧であると、評価が評価者の主観に左右されることが考えられます。また、その作成と評価にも、手間がかかります。Teams for Education の課題機能を活用することで、ある程度の効率化は図れますが、こうした点での注意が必要です。

6 ルーブリックが添付されました。

7 [割り当てる]をクリックします。

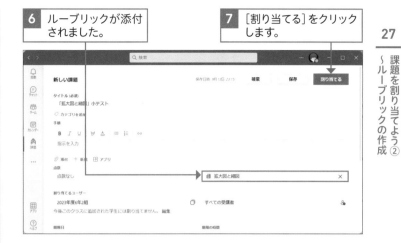

---

② ルーブリック（評価基準）の見え方の確認

補足

ルーブリックの採点画面

116ページで作成した尺度の内容を踏まえて、課題ごとに採点することができます。採点した結果は、返却したときに学習者が確認することができます。

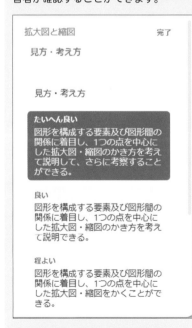

1 115ページの下の補足を参考に「受講者ビュー」を開きます。

2 「ルーブリック」のアイコンをクリックします。

3 受講者がルーブリックを見られることが確認できました。

Section

28 | 課題を割り当てよう③ ～提出と採点・返却

ここで学ぶこと

・提出
・採点
・返却

課題の作成・割り当てが終わったあとの操作を紹介します。まず、学習者が課題を提出する方法です。次に、教師が採点・返却をする方法です。操作の感覚がつかめると、効率的に学習管理が進められます。

① 学習者の課題の提出

✏ 補足

教師から添付された資料がある場合

教師からの課題で、ワークシートなどのファイルが添付されている場合は、以下のように「参考資料」として表示され、ダウンロードやオンライン表示も行えます。

✏ 補足

期限から遅れて課題を提出する場合

教師が設定した期限から遅れて課題を提出する場合は、[提出]のボタンが[遅れて提出する]という表示に変わります。また、教師も遅れて提出したことの記録も容易に確認できます。期限に提出できなかった学習者には、自動的に通知を送ることも可能です。

1 [課題]をクリックし、提出する課題名をクリックします。

2 [添付]または[新規]をクリックし、作成した課題をアップロードします。

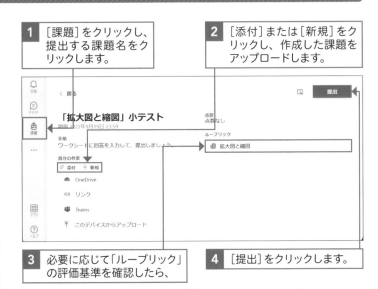

3 必要に応じて「ルーブリック」の評価基準を確認したら、

4 [提出]をクリックします。

5 教師へ課題が提出されることを表すアニメーションがランダムで表示されます。

② 教師の課題の採点と返却

💬 解説

効率的に採点と返却ができる

「課題」では、教師が効率的に採点と返却ができるような工夫がされています。たとえば、「未返却」の課題一覧で[状態]をクリックすると、「提出されていません」「閲覧しました」「提出済み」で、学習者をソートすることができます。

✏️ 補足

ルーブリックと得点の採点

ルーブリックと得点が設定されている場合は、課題を確認する画面でそれぞれ選択することによって採点ができます。

✏️ 補足

「改訂のための戻し」ボタン

[返却]のボタンには2種類あります。🔽 をクリックし、[改訂のための戻し]をクリックすると、学習者に再提出をするように要求することができます。

1 [課題]をクリックし、採点と返却をする課題名をクリックします。

2 「提出済み」の学習者をクリックし、課題を確認します。

3 学習者が添付したファイルを確認します。

4 フィードバックを入力し、

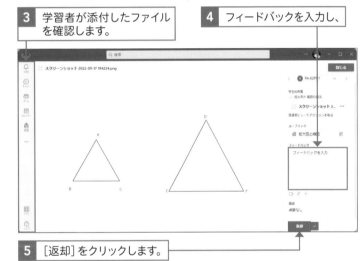

5 [返却]をクリックします。

6 学習者の画面を確認すると、教師が入力したフィードバックが表示されています。

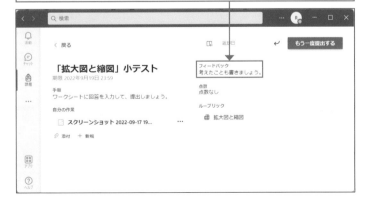

Section 29 クラスノートを活用しよう①〜作成

ここで学ぶこと

・Class Notebook
・共同作業スペース
・コンテンツライブラリー

OneNote Class Notebookは、ほかのアプリと比較して、教師から資料の配布をしたり、メモの保存をしたりする際に効率的に活用することができます。まず、初回起動時のクラスノートの作成方法から確認します。

① 初回起動時の設定方法

補足

過去のクラスノートを活用したい場合

[OneNote Class Notebookの設定]をクリックすると、[既存のノートブックコンテンツから]を選択することもできます。これをクリックすることで、今まで使用してきたセクションをコピーして、教材などを引き継ぐことができます。初めての場合は、[空白のノートブック]を選択しましょう。

受講者にメモ用の個人スペースと
共同作業用のキャンバスを用意しましょう。

OneNote Class Notebook の設定
空白のノートブック
既存のノートブックコンテンツから

重要用語

セクション

ノートの各ページを分類してまとめたものです。クラスチームのClass Notebookでは「共同作業スペース」「コンテンツライブラリー」「教師のみ」などがあります。それぞれで共同編集・閲覧の権限が異なります。

1 チームの画面から[Class Notebook]をクリックし、

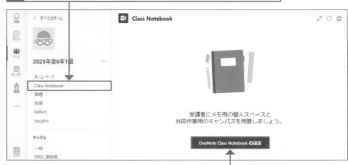

2 [OneNote Class Notebookの設定]をクリックします。

3 ノートブックの教師・学習者共通のセクションの種類と、編集・表示できるユーザーの内容を確認し、

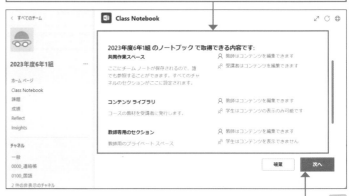

4 [次へ]をクリックします。

補足

はじめはそのままの
セクションで利用する

初めて Class Notebook を利用する場合は、セクションの名前や追加・削除はせずに、そのままにしておくことを推奨します。セクション名は、学習者が必要に応じて追加したり変更したりすることも可能です。

重要用語

セクショングループ

セクションのまとまりのことです。たとえば「共同作業スペース」のセクショングループは「Collaboration Space」という名前がついています。学習者用ではじめに設定されている4つのセクション（配布資料、クラスノート、宿題、小テスト）のセクショングループには、受講者名（アカウント名）がついています。

補足

OneNote アプリとの連携

78ページで紹介したように、ここで設定したOneNote Class Notebookは、アプリ「OneNote」「OneNote for Windows 10」とも連携されます。OneNoteのすべての機能を活用したい場合は、アプリ版で操作するとよいでしょう。

---

5 学習者用のセクションの名前を必要に応じて修正や削除を行います。追加が必要な場合は、セクションを追加します。

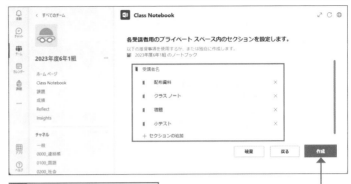

6 ［作成］をクリックします。

7 （ナビゲーションを表示）をクリックします。

8 教師用・学習者用のセクションの設定が完了していることが確認できます。

▶ 学習者からの見え方

1 （ナビゲーションを表示）をクリックします。

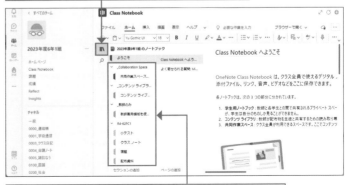

2 セクションの設定が完了していることが確認できます。

Section 30 | クラスノートを活用しよう② 〜ページの配布

ここで学ぶこと

・Class Notebook
・ページの追加
・ページの配布

OneNote Class Notebook特有の機能として、「ページの配布」があります。教師から学習者へページを一斉に送信することができる便利な機能です。ここでは、配布するページの準備から紹介していきます。

① 配布するページの準備

💬 解説

Teamsや「コンテンツライブラリー」での共同での上書き防止対策として

123ページで紹介するOneNote Class Notebookのページ配布機能を活用して、学習者1人1人に渡すことで、元ファイルとなるファイルやページの共同での上書き防止対策となります。Teamsでのファイルの投稿や、OneNote Class Notebookでの「コンテンツライブラリー」で不便に感じた際に有効です。

✏️ 補足

「添付ファイルの挿入」と「ファイルの印刷イメージを挿入」との違い

[ファイルの印刷イメージを挿入]では、PDFやWordファイルが画像化されたものがOneNoteのページに貼りつけられます。これにより、初学者でもペンなどで容易に記入することができます。一方、[添付ファイルの挿入]をクリックすると、PDFやWordファイル以外のデータも共有できますが、OneNoteのページにはファイルのアイコンのみが表示されます。ファイルを表示する際、OneNoteを開く環境やデータの種類によっては、ダウンロードが必要となります。

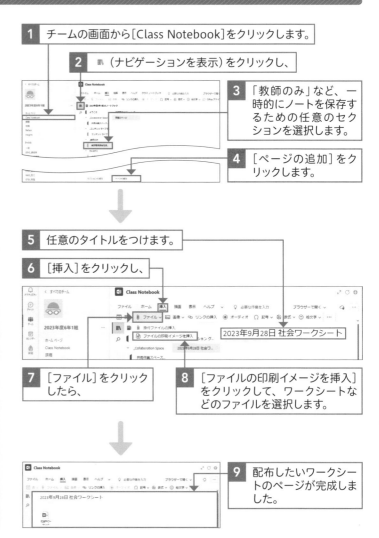

1 チームの画面から[Class Notebook]をクリックします。

2 📖（ナビゲーションを表示）をクリックし、

3 「教師のみ」など、一時的にノートを保存するための任意のセクションを選択します。

4 [ページの追加]をクリックします。

5 任意のタイトルをつけます。

6 [挿入]をクリックし、

7 [ファイル]をクリックしたら、

8 [ファイルの印刷イメージを挿入]をクリックして、ワークシートなどのファイルを選択します。

9 配布したいワークシートのページが完成しました。

② ページの配布

 補足

ページの配布中は ほかの操作ができる

配布するページのサイズが大きかったり、登録している受講生が多かったりする場合、ページの配布に時間がかかります。この場合でも、バックグラウンドで配布されるため、教師は待機中にほかの作業をすることができます。

1 122ページのように、配布したいページを作成して表示します。

2 ［クラスノートブック］をクリックします。

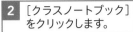

3 ［ページの配布］をクリックし、

4 ［ページの配布］をクリックします。

5 配布したい学習者のセクションを選択し、

6 ［配布］をクリックします。

▶ 学習者からの見え方

教師が指定したセクションに、自動的にページが配布されたことが確認できます。

 注意

配布されたページを 受け取るために

教師から配布されたページを受け取るためには、学習者はオンラインである必要があります。OneNoteはオフラインでも作業が可能となり、この視点を忘れてしまうことが多くなるため、注意が必要です。また、配布が通知などで知らされることもないため、教師が学習者へ別の形で周知することも必要となります。

Section

31 | クラスノートを活用しよう③ 〜ページのレビュー

ここで学ぶこと

・Class Notebook
・ページの配布
・ページのレビュー

学習者1人1人に対してページを効率的に配布するだけでなく、配布したページを効率的にチェックできる「受講者の作業をレビュー」という機能があります。ここでは、操作方法について紹介していきます。

1 ページのレビューをする

🗨 解説

学習者のアカウントへのアクセス不要

教師がClass Notebookを利用すると、学習者のアカウント名のセクションから、1つ1つのページにアクセスできます。しかし、特定のページをまとめて閲覧したい場合、都度学習者のアカウントからページにアクセスすることは手間がかかります。今回の「受講者の作業をレビュー」を活用することで、そのアクセスをする負担が一気に軽減されます。

✏ 補足

「ページの配布」をしていない場合

レビュー対象のセクションを選ぶ際に、「ページの配布」をしていないセクションを選んでしまうと、「レビュー対象のページはありません。」と表示されます。

1 チームの画面から[Class Notebook]をクリックします。

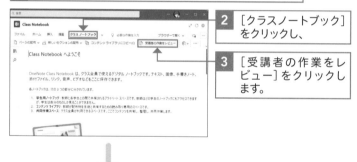

2 [クラスノートブック]をクリックし、

3 [受講者の作業をレビュー]をクリックします。

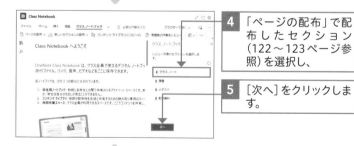

4 「ページの配布」で配布したセクション（122〜123ページ参照）を選択し、

5 [次へ]をクリックします。

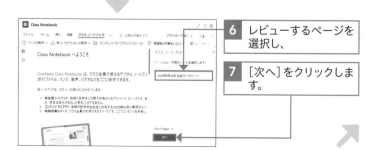

6 レビューするページを選択し、

7 [次へ]をクリックします。

補足

ページのロック

レビューするアカウントが表示されている画面で[ページのロック]をクリックすると、該当のページを学習者が編集できないような設定にすることができます。この機能は、締め切りを設定したり、完成ページとしたり、返却で再編集を求めたりする場合などに活用できます。

1 [ページのロック]をクリックすると、

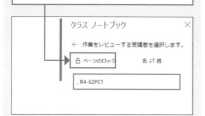

2 ページにロックがかかります。

8 レビューしたい学習者のアカウントを選択すると、

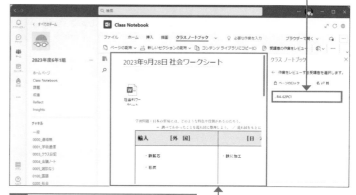

9 学習者のページが表示されます。

10 ペンで丸つけをしたりコメントを入れたりして、レビューをします。

11 次の学習者のアカウントを選択し、ページのレビューを繰り返します。

▶ 学習者からの見え方

教師が書き込んだ内容を確認できます。

Section

32 学習者の感情を集計しよう 〜Reflect

ここで学ぶこと

・Reflect
・感情
・チェックイン

学習者の感情を集計できる「Reflect（リフレクト）」は、Teams for Educationの教育向け機能の中でも新しいツールです。学習者の安心感を保障する場として、大きな可能性があります。

1 チェックイン（回答フォーム）を作成する

解説

学習者の安心感を保障する場として

「Reflect」は「こころの天気」などの名前で2021年から利用できましたが、2022年に現在のように標準機能としてリリースされました。そのため、英語の直訳で特有の言い回しである部分があります。「Reflect」を教師が導入する際、学習者の内面を本ツールですべて把握する、と考えるとハードルが高くなってしまいます。むしろ、「みんなの気持ちをいつでも聞くよ」という安心感を保障する場を用意するために導入すると伝えたほうが、本来の目的を果たせるかもしれません。

補足

「チェックイン後」の学習者の画面

[チェックイン後]をクリックしたあとの回答フォームは、以下のような内容です。該当のアイコンをクリックするだけで送信できます。

1 チームの画面から[Reflect]をクリックし、

2 [チェックインの作成]をクリックします。

3 学習者の感情を確認するための質問を選択し、

4 回答の分布を学習者間で表示するかを選択したら、

5 [次へ]をクリックします。

6 チェックインの設定をしてから回答できる期間を選択し、

7 チェックインを表示するチャネルを選択します（「General」は「一般」チャネルのこと）。

8 [チェックイン後]をクリックすると、指定したチャネルに回答フォームが自動投稿されます。

② 学習者の回答状況を確認する

解説

プライバシーに配慮する形で確認する

回答する学習者の中には、自分の内面である感情を教師に表すことに対して、ためらいを持つ可能性もあるかもしれません。学習者の年齢に応じて、Reflectの目的や活用範囲を説明したうえで回答状況を確認することによって、1人1人の感情や違いを認め合っていくことができると考えられます。

補足

学習者の感情の詳しい回答

126ページの回答フォームから学習者が回答を行うことで、さらに詳しい感情が回答できるようになります。

補足

期限以降に学習者が回答した場合

チェックインで設定された期限以降に学習者が感情を回答した場合は、以下のように期限切れで回答が送信されなかったことが表示されます。さらに、いつでも教師やクラスメートに相談することを推奨する補足が表示されます。

1 チームの画面から［Reflect］をクリックし、

2 回答状況を確認したいチェックイン項目を選択します。

3 チームに所属する学習者の回答状況が確認できます。

4 別の表示形式を確認するために［一緒に表示］をクリックします。

5 回答者の感情を表したキャラクターが一覧表示されます。

6 学習者の名前を非表示にする場合は、［学生の名前を非表示にする］をクリックします。

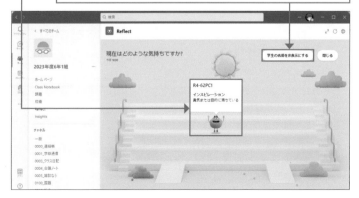

Section 33

クラスの活用状況を分析しよう 〜Insights

ここで学ぶこと

・Insights
・スポットライト
・デジタルアクティビティ

Teams for Education には、学習者がクラスにおける Teams の活用状況を分析する「Insights（インサイツ）」という機能があります。これを使うことで、学習者への適切な支援や励ましの方法を考えることができます。

① スポットライトで概要をつかむ

🗨 解説

特徴的な学習者の動向を自動分析する

「Insights」で表示されるものは、学習者の利用時間帯や投稿内容など、細かなデータが収集されたものがもとになっています。これらの特徴的な動向を自動的に分析して表示してくれるのが、スポットライトです。Insights を一目見れば、チームに所属している学習者の利用状況をつかむことができるため、利用時間や投稿に関する適切な支援をすることができます。

✏ 補足

プライバシーとセキュリティの保護

チームの所有者として、学習者として発行されたアカウントが所属していても、「Insights」の表示は出てきません。また、各国や各地域のプライバシー法の規制を満たしています。そのため、プライベートチャットや OneDrive などのデータは収集していません。

1 チームの画面から [Insights] をクリックします。

2 「スポットライト」の表示を確認し、

3 ＞ をクリックします。

4 すべてのスポットライトを確認すると、「確認済み」と表示されます。

5 項目によっては、カーソルを当てると ⊙（参照）のアイコンが表示されます。

6 必要に応じて情報を確認します。

② 利用時間帯と活動内容を知る

解説

学習者への適切な支援と励ましへ

デジタルアクティビティの利用で、1人1人の学習者の利用時間帯と活動内容を詳細に知ることができます。教師としては、この1つ1つのデータを「監視」するというよりも、学習者への適切な支援と励ましにつなげるために活用するとよいでしょう。特徴的なデジタルアクティビティについては、128ページで紹介したようにスポットライトで表示されます。

補足

アクティビティの具体的な内容

デジタルアクティビティで表示される具体的な活動内容は、主に以下の場合です。

- オンライン会議への参加
- チャネルへの訪問
- タブの表示
- 課題の表示または提出
- ファイルを開く
- ファイルを編集する
- メッセージの投稿、返信、反応
- Reflectの回答
- OneNoteの使用

補足

アクティビティごとの表示

上記で説明したようなアクティビティごとの表示にしたい場合は、[全アクティビティ]をクリックして変更できます。

1 チームの画面から[Insights]をクリックし、

2 [デジタルアクティビティ]をクリックします。

3 分析する期間を変更できます。

4 色がついた部分が、学習者がTeamsで活動したことを表しています。

5 詳細を確認したい部分にカーソルを合わせて選択できます。

6 さらにカーソルを合わせると、学習者が行ったアクティビティが表示されます。ここでは、特定の学習者が「9月29日11時40分に「ファイル」のタブを表示した」ことがわかります。

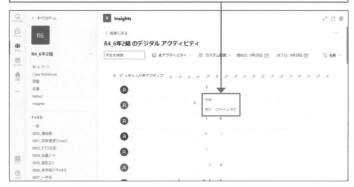

③ コミュニケーション量を確認する

💬 解説

オンラインコミュニケーションの場づくりの改善に向けて

Teams for Educationを使い慣れていくと、オンラインでのコミュニケーション量が徐々に落ち着いていく傾向があります。こうした課題を教師が感じたときにこの「コミュニケーション」を表示させることで、どの日にどのようなコミュニケーションの数や種類の傾向があるかを分析して、指導改善に生かすことが期待できます。

💬 解説

オンラインで活発な学習者を見抜く

対面でのコミュニケーションが苦手であっても、オンラインでのコミュニケーションを得意とする学習者はいるはずです。またその逆も考えられます。こうした学習者の傾向も、この「コミュニケーション」から分析することが可能です。

✏️ 補足

チャネルごとの分析

[すべてのチャネル]をクリックすることで、チャネルごとの分析が可能となります。

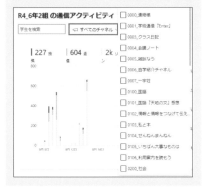

1 チームの画面から[Insights]をクリックし、

2 [コミュニケーション]をクリックします。

3 指定期間中の「投稿数」「返信数」「リアクション数」が表示されます。

4 指定期間中の「リアクションの合計回数」が学習者ごとに表示されます。

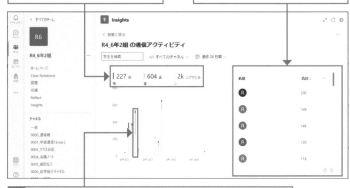

5 内訳を確認したい日のグラフにカーソルを合わせます。

6 クラスのアクティビティの「合計数」「投稿数」「返信数」「リアクション数」が表示されます。

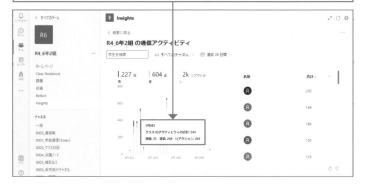

第 **5** 章

Teams for Educationで
学習のデジタル化を進めよう

Teams for Educationで学習のデジタル化を進めよう

▶ 学習者が「学び方を選ぶ」ことを目指して

文部科学省は、「学習指導要領の趣旨の実現に向けた個別最適な学びと協働的な学びの一体的な充実に関する参考資料（令和3年3月版）」において、学習者の学び方について次のように指摘しています。

> 「個に応じた指導」に当たっては、「指導の個別化」と「学習の個性化」という二つの側面を踏まえるとともに、ICTの活用も含め、児童生徒が主体的に学習を進められるよう、それぞれの児童生徒が自分にふさわしい学習方法を模索するような態度を育てることが大切です。

文部科学省「「個別最適な学び」と「協働的な学び」の一体的な充実」より引用
https://www.mext.go.jp/a_menu/shotou/new-cs/senseiouen/mext_01317.html

このことから、学習のデジタル化を進めていくにあたっては、教師が学習者へ学習方法を指定するのではなく、それを模索できるような機会を作っていくことが大切になるといえるでしょう。これを、Teams for Educationの活用をもとに、具体的に考えてみましょう。

たとえば、算数で円の面積を求める問題を考える場面を想定してみましょう。あるA児は、「発表をTeamsで行うのであれば、OneNoteを使って解決過程を表現したい」と考えています。しかし、別のB児は、「Teamsで発表するとしても、図形をデジタルで描くのは自分にとっては大変だから、紙のノートに記録して写真を撮ろう」と考えています。学習のデジタル化を進めていくにあたって、望ましいのはA児でしょうか。それともB児でしょうか。先の参考資料の記述を踏まえれば、当然それぞれの考え方が認められるべきなのは、いうまでもありません。しかし、学習のデジタル化を進めようとすると、紙のノートに記録することを否定するような指示を教師がしてしまうかもしれません。また、デジタルのノートに記録していても、その表現に課題があれば、紙に記録することを強制してしまうかもしれません。
学習者に「学び方を選ぶ」ように促すことは、理想論のように聞こえてしまい、頭でわかっても行動に移せないことも多いでしょう。日ごろの限られた授業時間の中で、児童が学習方法を模索する時間的余裕があるなら、指導すべき事項に時間を割きたいとも考えてしまうこともあるはずです。それでも、学習者の主体的に学習に取り組む態度の育成が、今求められています。自律的な学習者を育てるために、Teams for Educationで学習のデジタル化を進めるための具体的な方法を、一緒に考えていきましょう。

▶ 学習のデジタル化の3ステップ＋α

本章では、次の3つのステップで学習のデジタル化について紹介していきます。

---

1 1つ目のステップは、「紙のノートをデジタルで共有する」ことです。紙のノートなどを Teams に
デジタルで共有することで、協働的な学びが効率的に実現するための方法を取り上げます。

---

2 2つ目のステップは、「デジタルでノートを記録して共有する」ことです。読み書きに困難を抱える
学習者にとって、デジタルでノートを記録できることは、大きな支援の可能性があります。学習者
自身がアプリを使い分けたり、ほかの学習者が見やすいようにしたりする方法を取り上げます。

---

3 3つ目のステップは、「デジタルでのワークシートの活用」です。単に紙のワークシートを置き換え
ようとする発想ではなく、学習者用デジタル教科書を活用するなど、学習者がツールを自由に選
択できるような方法を取り上げます。

---

4 最後にプラスアルファの情報として、音読のデジタル化
の具体的な方法も取り上げます。AIを活用した自動音
声認識機能によって、さまざまな便利な機能があるこ
とを紹介していきます。

Section

34 | 学習のデジタル化をしよう

ここで学ぶこと

- 学習のデジタル化
- デジタルノート
- ワークシート

ここでは、Teams for Educationにおいて学習のデジタル化を進めるにあたって、学習の記録を3つのステップで紹介します。最新機能「デジタルを活用した音読学習」も含めて、それらの概要を確認していきましょう。

① 紙のノートをデジタルで共有する

画像を投稿する

「新しい投稿」から 🖉 をクリックし、[コンピューターからアップロード]をクリックすることで、画像ファイルを投稿できます（46ページ参照）。

1人1台端末の活用が日常化したとしても、授業者が「漢字や図形の学習は紙で行わせたい」「工作物などをデジタルで共有させたい」などと、教科のねらいを踏まえて、学習方法を指定したい場合もあると考えられます。また学習者自身も「紙のノートに記録したほうが、自分の学び方に合っている」と考える人もいるかもしれません。

しかし、紙のノートなどのアナログな教材を使った場合でも、デジタルで共有することで、協働的な学びが効率的に実現できます。たとえば、Teamsのチームに投稿すれば、「いいね！」などのスタンプや、コメントをし合うことができます。

このような共有をする場合は、写真の撮影や編集、ファイル管理などの工夫が必要となります（138〜141ページ参照）。

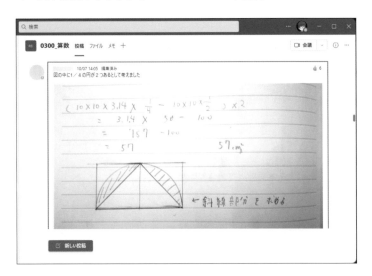

② デジタルでノートを記録して共有する

デジタルノートで描画する

タッチ対応デバイスでデジタルペンを使っている場合、デジタルペンで画面をタッチするだけで自動的に描画ができます。他方、デジタルペンがない場合は、指で画面をなぞると、ページをめくる動作となるのが基本です。これを画面タッチで描画するようにする場合は、[タッチして描画する]を随時選択する必要があります（79ページ参照）。

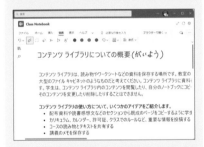

1人1台端末の活用が日常化していくことで、デジタルペンなどでノートを記録したいと考える学習者は一定数いると考えられます。また、読み書きに困難を抱える学習者にとって、デジタルでノートを記録できることは、大きな支援の可能性があります。このときに活用できるアプリとして、OneNoteがあります（78～81ページ参照）。これを教育向けの機能として、共有をしたり配布したりできるようになったのが、Class Notebookです（120～125ページ参照）。さらに、ホワイトボードのように共同で意見を出し合う場合、ノートの記録として活用できるアプリとして、Whiteboardもあります（82～85ページ参照）。

デジタルでノートを記録して共有する場合、学習者自身がアプリを使い分けたり、ほかの学習者が見やすいようにしたりする方法にも、工夫が必要となります（142～145ページ参照）。

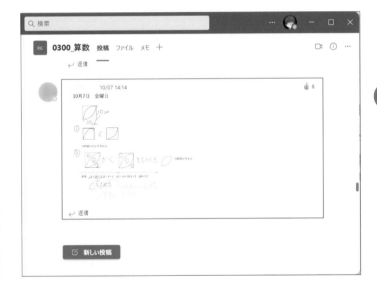

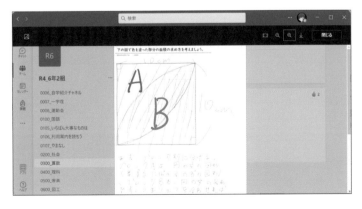

③ プリントをデジタルで配布する

補足

端末の持ち帰り学習の現状と課題

プリントを印刷して配布をすれば、自宅へも容易に持ち帰ることができます。しかし、プリントをデジタルで配布したら、そのプリントを自宅でも見たい場合、端末を持ち帰る必要が発生します。2021年7月時点での文部科学省「端末利活用状況等の実態調査」によると、平常時の端末の持ち帰り学習の実施状況（学校数）は、「実施している」が25.3%、「準備中」が51.0%、「実施・準備をしていない」が23.7%という結果となりました。

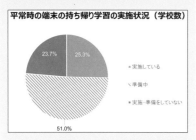

こうした中、文部科学省は「端末利用に当たっての児童生徒の健康への配慮等に関する啓発リーフレット」を作成し、Webサイトで公開しています。学習のデジタル化を進めるにあたって、学習者はもちろん、保護者へも理解を促すことが求められます。

文部科学省「1人1台端末の時代となりました－ご家庭で気をつけていただきたいこと（保護者用）」より引用
https://www.mext.go.jp/a_menu/shotou/zyouhou/detail/mext_00001.html

授業前に、同僚のことを気にしながらプリンターを占有して印刷することは、時間的にも心理的にも負担がかかります。1人1台端末を有効活用すれば、プリントをデジタルで配布することも容易です。Teams for Educationの「課題」機能を活用すれば、ペーパーレス化だけでなく、評価や成績の管理まで効率的に行うことができます（114～119ページ参照）。

デジタルでプリントを配布する場合は、学習者自身が自由にツールを選択してアウトプットできるようにするという発想を取り入れることも大切です（146～149ページ参照）。学習者が最適な学び方を選ぶことができるようになることで、1人1人の特性に合わせて、自ら学習を調整しながら粘り強く取り組む力を育成することが期待できます。

学習者が自由にツールを選択してアウトプットする

④ デジタルを活用して音読学習をする

🔍 **重要用語**

Reading Progress （音読の練習）

Teams for Educationの「課題」に追加された機能が「Reading Progress」です。日本語では「音読の練習」と訳されました。端末のマイク性能によっては、イヤホンマイクやヘッドフォンマイクを使用するほうが、コンピューターが正確に判定することができます。

小学生であれば国語における音読、中高生であれば英語におけるスピーキングなどが学習として行われることが多くあります。こうした音読学習も、Teams for Educationの「課題」機能を活用すれば、デジタルでの自動即時評価や成績管理を行うことができます（150〜152ページ参照）。

音読学習は、周囲が落ち着いた環境が必要となるために、端末を持ち帰った場合の宿題などで効果的に導入することができます。小学生であれば、保護者が音読を聞いてチェックをするなどの宿題が課されることが多くありますが、こうした学習方法にも広がりが出るといえます。

学習者がオンラインで音読学習を行う

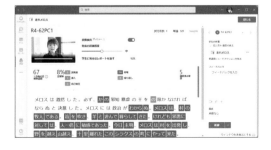

Section 35 | 紙のノートやホワイトボードをカメラで撮影して共有しよう

ここで学ぶこと

・カメラ
・紙のノート
・ホワイトボード

学習のデジタル化を進めるにあたり、紙のノートやホワイトボードなどのアナログなものをキレイに撮影する工夫ができると、共有や交流がはかどることが期待できます。ここでは、その機能を紹介します。

① 紙のノートをカメラで撮影して共有する

📝 補足

撮影モードの多様化

今回はWindows 10／11の「カメラ」アプリでの撮影について紹介しました。ほかの端末やOSでも、このようなドキュメント形式に最適な撮影方法を選ぶことができるような機能が搭載されていることは多くあります。

💡 ヒント

学習者が機能を見つけるのを待つ

今回紹介するような撮影モードは、すべての学習者に必ず事前に指導をする必要があるものではありません。こうした「あると少し便利になる」機能を教師がお膳立てしすぎてしまうと、1人1台端末の活用が「やらされ感」になってしまいかねません。今回のような撮影モードのアイコンは、子ども目線に立つと、すぐに見つかるような機能です。よって、ICTに詳しかったり興味を持っていたりする学習者が、撮影モードの機能を見つけるのを待ち、その瞬間を教師が価値づけて、学級などへ広めていくのが理想的でしょう。

紙のノートをカメラで撮影してTeamsにアップロードする場合、画像を鮮明なものにすることが理想です。小学生段階や初学者の場合は、細かな指摘を受けてしまうと、かえって端末を利用する意欲が低下してしまいかねませんが、慣れてきた場合に、撮影の仕方を工夫できるように指導できるとよいでしょう。ここでは、Windows 10／11の「カメラ」アプリを例に紹介します。

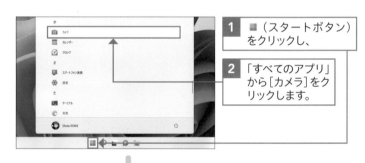

1 ■ （スタートボタン）をクリックし、

2 「すべてのアプリ」から［カメラ］をクリックします。

3 カメラが起動したら、Teamsに共有したいノートを写します。

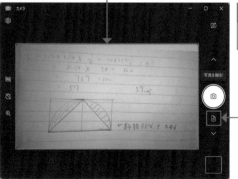

4 📄 （ドキュメント）をクリックします。

補足

「カメラ」アプリの画像保存先

「カメラ」アプリで撮影した画像の保存先は、初期設定ではエクスプローラーから「ピクチャ」→「カメラロール」に設定されています。

また、「フォト」アプリからも、そのほかのフォルダーも含めた画像一覧を容易に見つけることができます。

5　自動的に撮影する範囲をスキャンするため、自分の意図通りになるかどうか、アングルなどを調整します。

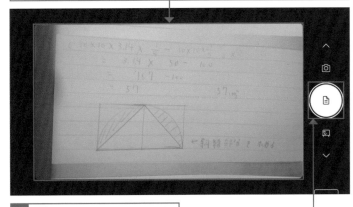

6　◎をクリックして撮影します。

7　明るさやコントラスト、撮影範囲が自動的に調整された画像が保存されました。

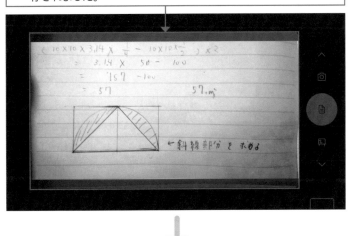

8　ファイルを添付し、Teamsに投稿して共有します（46ページ参照）。

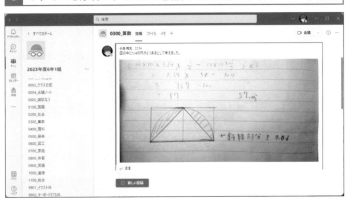

② ホワイトボードをカメラで撮影して共有する

ヒント

**自動スキャン範囲が
うまくいかないとき**

ホワイトボードに書いたものに合わせて
撮影モードを切り替えても、自動スキャ
ンの範囲がうまくいかず、思った範囲よ
りも狭かったり広かったりすることが起
きる場合があります。その際は、周囲の
明るさを確認したり、撮影するホワイト
ボードと背景の色を別にしたりするなど
して、コンピューターがうまく読み込め
るような工夫をしましょう。

169ページ以降では、自宅にいる学習者から、教師が遠隔でオンライ
ン授業をする例を紹介します。こうした場面では、ホワイトボードを
活用して授業をするということが考えられます。授業の記録として残
したホワイトボードも、紙のノートと同様に、撮影モードを切り替え
ることによって、自動的に最適化された画像を保存することができま
す。

1 138～139ページを参考に「カメラ」アプリを起動し、撮影モード
を「ホワイトボード」にします。

2 自動的に撮影する範囲をスキャンするため、自分の
意図通りになるかどうか、アングルなどを調整します。

3 ☺をクリックして撮影します。

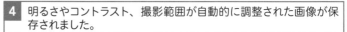

4 明るさやコントラスト、撮影範囲が自動的に調整された画像が保
存されました。

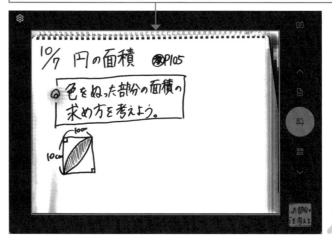

補足

そのほかの撮影モード

今回紹介した撮影モード以外に、WIndows 10／11の「カメラ」アプリには、より広角な写真を撮影できる「パノラマ」モードや、QRコードを読み取ることができる「バーコード」モードもあります。

5 ファイルを添付し、Teamsに投稿して共有します（46ページ参照）。

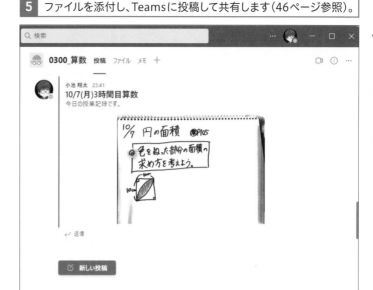

💡 **ヒント** **小学校低学年段階では「共有できる大きなデジカメ」と捉える**

GIGAスクール構想による1人1台端末は、小学1年生から導入されています。いうまでもなく、鉛筆の持ち方をはじめ、読み書きなどの学習に向かう姿勢を指導しなければなりません。こうした中、低学年段階において、1人1台端末を効果的に学習で活用することは、一般的に難しいと考えられてしまいがちです。

しかし、好奇心旺盛な低学年段階のうちに、学習のデジタル化を日常的に行うことができるようになることは、非常に大切なことです。中高学年以降で、端末の活用自体が生活に溶け込んだ状態になっていれば、本来学ぶべき内容に集中して取り組むことができます。

小学校低学年段階での活用の大きなポイントに、筆者は「共有できる大きなデジタルカメラ」と捉えることにあると考えています。撮影してすぐに画像を確認できたり、ピンチアウト（拡大）して細かな観察ができたり、撮り直しができたりすることは、非常に効果的です。

よい写真が撮れたら、いろいろな人に見せたくなるはずです。そこでTeams for Educationで投稿することを教えれば、多少の漢字表記が多いアプリでも、低学年の児童は難なく操作することができるはずです。使えば使うほど、端末にも愛着が湧き、大切に扱おうとするでしょう。

Section

36 | デジタルでノートを取って共有できるようにしよう

ここで学ぶこと

・ノート
・Class Notebook
・デジタルペン

授業で記録するノートをデジタル化するには、さまざまな方法があります。ここでは、Class Notebook ですべてデジタルで記録する方法と、その共有方法について紹介します。

① OneNote や Class Notebook で方眼線を表示する

✏️ 補足

デジタルペン導入の考え方

日常的にデジタルでノートを記録する学習方法を取り入れる場合、デジタルペンの導入は必須となると考えられます。最近では100円ショップでも、ボールペンつきやえんぴつ型など、各種機能のあるものが気軽に購入できるようになりました。しかし、こうしたデジタルペンの性能はもちろん、導入している端末の性能によって、筆圧感知機能や、パームリジェクション機能（手のひらなどが画面に触れても検知しなくなる機能）が異なる場合があります。幼い学習者であればあるほど、デジタルを使うことだけで喜んでしまい、本来の学習の目的や記録の方法をないがしろにしてしまう場合も考えられます。学習者に慣れさせる時間を確保すると同時に、デジタルペンや端末画面の性能、さらには学び方の指導や予算など、さまざま考える必要があるといえます。

小学生などの幼い学習者や、端末を日常的に使い慣れていない学習者を対象として、学級全員にすべての教科などでデジタルでノートを取るように指示することは非現実的です。しかし、デジタルノートそのものを使うための授業時間を確保することも、あまり現実的ではありません。

ここでは試行的な導入場面を想定して、デジタルでノートを取れるようになるためのヒントを紹介します。まず、Teams for Education の Class Notebook の画面を例に、方眼線を表示する方法です。

1 [Class Notebook] をクリックし、

2 ▥（ナビゲーションを表示）をクリックします。

3 任意のページを選択します。

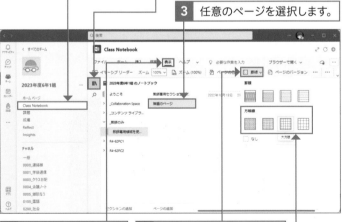

4 [表示]をクリックし、

5 [罫線]をクリックしたら、

6 任意の方眼線をクリックします。

方眼線の種類

方眼線には、4種類があります。以下図の左から、「小方眼」「中方眼」「大方眼」「特大方眼」を選べます。

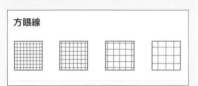

---

7 設定した方眼線が表示されるようになりました。

---

② ノートを画像化してTeamsに投稿して共有・交流する

スクリーンショット（プリントスクリーン）のさまざまな方法

スマートフォンの普及以降、画面を画像化する「スクリーンショット」の機能は、「スクショ」と省略された言葉で親しまれてきました。以下でショートカットキーとして紹介しますが、キーボードの印字では「プリントスクリーン」という言葉で表記されます。スクリーンショットには、画面全体、一部分、タイマーで数秒後に記録するものなど、さまざまな方法があります。ここでは割愛しますが、「ゲームバー」という機能を活用することで、画面の動画記録も可能となります。

⌨ **ショートカットキー**

画面一部分の
スクリーンショット

[⊞] + [Shift] + [s]

画面の一部分のスクリーンショットを撮影するには、キーボードの [⊞] + [Shift] + [s] を押します。画面全体が少し暗くなったあと、任意の範囲をドラッグ＆ドロップすると、クリップボードに画像がコピーされます。任意の場所で [Ctrl] + [V] を押して、画像を貼りつけることができます。

次に、OneNoteやClass Notebookで記録したノートを、Teamsに投稿して共有する方法です。Class Notebookのセクションには、「共同作業スペース」があり、ここに保存されたノートは、チームのメンバーで共同で編集・閲覧をすることができます（120ページ参照）。しかし、スタンプやコメントで交流をする場としては、多少やり取りが難しいことが考えられます。そこで、Teamsに投稿して共有・交流するために、ノートの一部分をスクリーンショットで画像化して画面をドラッグして投稿する方法を紹介します。

1 Teamsに投稿したいノートの画面を開き、画面一部分のスクリーンショットのショートカットキー（[⊞] + [Shift] + [s]）を押して、画面をドラッグして範囲を選択します（画面全体が少し暗くなります）。

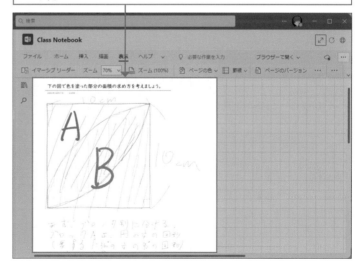

⌨ ショートカットキー

画面全体のスクリーンショット

Print
Screen
PrtSc
PrnSc

画面全体のスクリーンショットを撮影するには、キーボードの Print Screen ／ PrtSc ／ PrnSc を押します。画像はクリップボードにコピーされるため、任意の場所で Ctrl + V を押して画像を貼りつけることができます。初期設定では、「画像」→「スクリーンショット」のフォルダーに自動保存されます。

2 任意のチャネルをクリックし、

3 [新しい投稿] をクリックし、任意のテキストを入力して、スクリーンショットをした画像ファイルを貼りつけます。

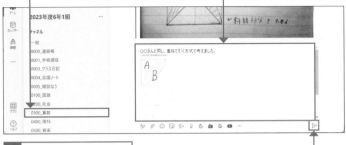

4 ▷ をクリックします。

5 OneNote や Class Notebook のページの画像が投稿され、Teams で交流ができるようになりました。

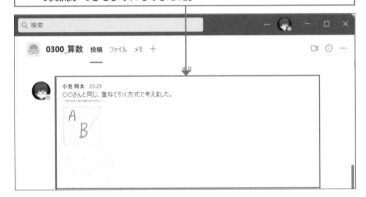

③ 投稿されたノートの交流を活性化する

✎ 補足

デジタルへの慣れとの向き合い方

Teams に投稿して交流することに慣れてくると、「デジタル過疎」とも呼ぶべき現象が起きてきます。直接発表するなどが難しかった学習者が、活発にコミュニケーションが取れるようになったものの、時間の経過によってコメントを残すこと自体ためらったり、手間に感じたりしてしまうのです。こうしたとき、教師としてのファシリテーションの技量が求められます。

最後に、さまざまなノートが投稿されたあと、学習者どうしの交流を活性化するためのポイントを紹介します。

▶ コメントがついていない人に投稿を促す

同意のスタンプだけでなく、かんたんな言葉でコメントをするだけでも、投稿した人にとって価値があることを伝えます。たとえば、「自分と考え方が同じ」とスタンプでは理解できない共通点に関する内容や、「～ということをしたんだね」という確認に関する内容などが考えられます。

ヒント

デジタル空間上の言葉遣いとモラル

ミスを指摘してコメントに記録として残し続けることは、もとの投稿者の自尊心を傷つけてしまいかねません。デジタル空間上での言葉遣いを丁寧にするなど、日ごろの対面でのコミュニケーションと同様、デジタル空間上での言葉遣いとモラルの指導の機会にしていくことも大切です。

▶ 投稿のミスを見つけて助言するように促す

たとえば算数であれば、単位や用語のミスなどが考えられます。こうしたときも、コメントで丁寧に指摘してあげるように促します。そして、もとの投稿をしてしまった人は、[編集]をクリックし、内容を修正するように指示します。

ヒント デジタルノートの試行錯誤と、その先に見えること

ある日、筆者が担任をしている小学6年生の子は、こんな日記を Teams で送ってきてくれました。

> 今日の1時間目の算数の授業では、立体図形を書くのに定規とノートのマス目がなくてはかけなくて苦戦していました。無事、投稿はできたものの改めて「今日の授業は、アナログ（ノート）で書く方が断然にやりやすい授業だなー。」と、思いました。

この子は「イラスト係」という係に所属していて、絵を描くのも1人1台端末で行うほど、端末で描画をすることには慣れている子でした。こうした段階で、本セクションで紹介した罫線の機能を紹介しました。こうすることで、その機能のありがたみを感じることができたようです。デジタルとアナログをどう使い分けるかは、デジタルを使い倒したその先に、初めて見えるのだと感じた瞬間でした。

ここで学ぶこと

・ワークシート
・課題
・学習者用デジタル教科書

デジタルでのワークシートを活用する際は、紙のワークシートを置き換えるという発想を変えていく必要があります。学習者がツールを自由に選択できるように、具体的な活用方法を考えていきましょう。

① ワークシートを配布する方法を確認する

補足

学校教育のペーパーレス化の現状

文部科学省は2020年10月に、「学校が保護者等に求める押印の見直し及び学校・保護者等間における連絡手段のデジタル化の推進について」という通知を発出しました。その後、新型コロナウィルス感染症が拡大する中、文部科学省は「全国の学校における働き方改革事例集」を公表し、2022年2月には改訂版もリリースされました (https://www.mext.go.jp/a_menu/shotou/hatarakikata/mext_00001.html)。

本セクションで紹介していくような、授業におけるペーパーレス化は、十分進んでいないのが現状です。もちろん学習者の発達段階や特性、教科などの学習のねらいを踏まえていくと、紙のワークシートが必要な場面は多くあります。校務におけるペーパーレス化が進むことによって、今回紹介していくような学習者のワークシートのデジタル化も適切に行えるようになると考えられます。校務におけるTeams for Education活用のヒントは、166～168ページでも紹介していきます。

これまで各種ツールの説明において、ワークシートを配布するさまざまな方法を紹介しました。それぞれのツールにおいて、以下表のように得意・不得意な内容があります。

	Word (62～65ページ)	PowerPoint (70～73ページ)	Whiteboard (82～85ページ)	Class Notebook (120～125ページ)
編集のしやすさ	△	○	◎	◎
ペン描画	△	△	◎	◎
印刷	◎	○	△	△
共同編集	◎	◎	◎	○
チームへの投稿・交流	◎	◎	△	△

Wordは、印刷が前提となっているワープロアプリのため、学習者が編集したりペンで描画したりするのは一般的に手間がかかります。PowerPointは、Wordよりもレイアウトが自由なので、編集はしやすいですが、見栄えを整えるのに手間がかかります。WhiteboardやClass Notebookは、メモやペンなどを活用することで編集がしやすいですが、印刷を前提としていないため、画像に書き出す必要があります。Teamsへの投稿・共有も、スクリーンショットなどを活用する必要があります。

上記以外にも、WordやPowerPointで作成したファイルを、PDF形式にして配布することが考えられます。この場合は、Class Notebookに貼りつけて「ノートの配布」をするか（122～123ページ参照）、課題機能に添付して配布する方法があります。しかし、これらの場合も、チームへの投稿・交流がしづらいという欠点があります。

② 課題機能で学習者がツールを自由に選択する

注意

課題機能を使うことによるコミュニケーション機会の減少

紙でワークシートを配布した学習の場合は、回答したワークシートを近くにいる学習者へ直接渡すなどすれば、その場で協働的に学ぶことができました。他方、デジタルのワークシートとして、Teams for Educationの課題機能を通して配布すると、ほかの学習者へファイルを共有するという機会が減ってしまうことが考えられます。もちろん、デジタルの記録は複製や共有はしやすいですが、課題機能は「教師対学習者」が前提となっているために、その機会は教師が意図的に作っていく必要があります。Teams for Educationはコミュニケーションツールである、という本来の目的を踏まえて、その機会の確保を考えていく必要があります。

補足

「新規」から説明動画を作成する

課題の「手順」下部の［新規］をクリックすると、［ビデオの録画］を選択でき、その場で課題の説明をStream経由で録画できます。こうした機能を活用することで、デジタルのワークシートに相当する課題提示において、教師の説明動画を添付することができます。これにより、学習者がいつでも、何度でも視聴することが可能となります。

紙で自作したワークシートを、学習者が手書きで回答させる際の意図として、学習内容に関わる記述のみできるようにしたり、時間短縮を実現させたりすることがあります。しかし、先ほど紹介したWord、PowerPoint、Whiteboard、Class Notebookなどのツールを学習者が使い慣れている場合であれば、わざわざ教師がワークシートを作って配布したり、黒板に板書したりする必要性がなくなってきます。具体的には、課題機能において、学習者へ明確な指示や評価基準（ルーブリック）、フィードバックをすることによって、従来のワークシートで記述されていた内容が補完できるということです。

ここでは、小学6年生の社会科「江戸時代の新しい文化と学問」を例に考えていきましょう。

1 「課題」から新しい課題を作成します（114～119ページ参照）。

2 「手順」に、従来ワークシートに記載するような指示や説明を、以下のポイントを参照して簡潔に記載します。

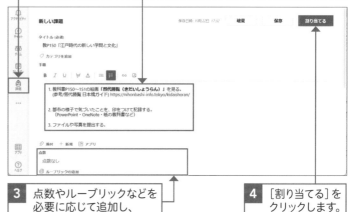

3 点数やルーブリックなどを必要に応じて追加し、

4 ［割り当てる］をクリックします。

▶ 「手順」の記載例とポイント

箇条書きやリンクなどの書式を必要に応じて工夫します。

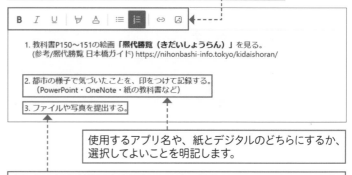

使用するアプリ名や、紙とデジタルのどちらにするか、選択してよいことを明記します。

紙で取り組んだ学習者を想定し、写真で提出してよいことを明記します。

③ 学習者用デジタル教科書の利用と話し合いを促す

🔍 重要用語

アナウンス

「新しい投稿」の「書式」から、装飾ができる大きな見出し「アナウンス」を挿入できます。さらに、投稿右上にアナウンスのアイコン（📢）が表示され、アクティビティにも通知が表示されます。

⚠️ 注意

学習者用デジタル教科書の著作権

学習者用デジタル教科書は、利用者1人1人がライセンスを購入する前提のものです。文化庁著作権課「学校における教育活動と著作権（令和3年度改訂版）」では、学習者用デジタル教科書を学校現場での使用に伴ってインターネットを介した送信などを行う場合について、以下のように具体例で説明しています。たとえば、教師が別途教材を作成して配信するなどのように「学習者用デジタル教科書の使用」といえない場合、著作権者の了解なしに利用することはできません。

文化庁著作権課「学校における教育活動と著作権（令和3年度改訂版）」より引用
https://www.bunka.go.jp/seisaku/chosakuken/seidokaisetsu/pdf/92916001_01.pdf

---

中央教育審議会では、2024年度に小学校の改訂教科書が使用開始されることを契機として、学習者用デジタル教科書を本格導入することを示しています（初等中等教育分科会第124回初中分科会資料4-3など参照）。こうした中、学習者用デジタル教科書も一部教科での導入の議論が進められています。試行的な実践においても、学習者用デジタル教科書と Teams for Education などを組み合わせた報告が多く見られています。学習者用デジタル教科書が日常的に活用できるようになると、デジタルのワークシートの作成の考え方も変わってきます。ここでは、ワークシートを自作せずに、学習者用デジタル教科書の機能を活用して実践した、小学6年生の国語科「やまなし」（光村図書出版）の例から考えていきましょう。

1 「アナウンス」を使って、ワークシートに記述するような指示を入力します。

2 学習者デジタル教科書の本文抜き出し機能を活用し、編集した画像（スクリーンショット）を投稿させます。

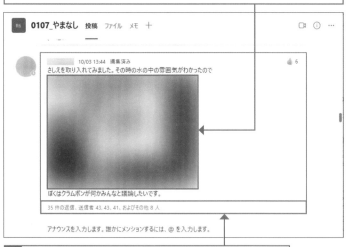

3 ほかの学習者がコメントした内容を確認するために、返信欄をクリックします。

⚠️ **注意**

著作物一般の公衆送信による利用

学習者用デジタル教科書以外の著作物一般について、授業の過程でメール送信やクラウドサービスなどへのアップロードを含むインターネットを介した送信などをする場合には、教育機関の設置者が補償金を支払う必要があります（授業目的公衆送信補償金制度）。申請済教育機関設置者・教育機関の名称は、一般社団法人授業目的公衆送信補償金等管理協会（SARTRAS（サートラス））のサイトから確認することができます（https://sartras.or.jp/keiyaku/）。

4 学習者どうしの話し合いの様子を随時確認します。

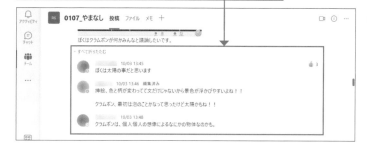

今回の例では、「やまなし」というチャンネルを新たに作成し、学習者へも「新しい投稿」をして議論を深めるようにしました。このように「新しい投稿」を学習者がしてしまうと、投稿数が増えてしまうために、目的としている情報が見つけづらくなるというデメリットが発生してしまいます。その場合は、教師が「アナウンス」をした投稿の「返信」の欄に、学習の成果物などをアップさせるようにするとよいでしょう。ただし、この方法を採用した場合は、学習者どうしが特定の成果物に対する議論をしづらくなってしまうというデメリットが発生してしまいます。学習者が利用に慣れているか、チャンネルをどう作るか、何を話し合わせたいか、などによって、「新しい投稿」にさせるか「返信」に投稿させるか、使い分けるとよいでしょう。

💡 **ヒント**　**学習のデジタル化と「内職」問題**

1人1台端末が日常的に活用できるようになると、授業で教師の指示がなくても、学習者が必要に応じて端末を使うことができるようになります。大人がパソコンやタブレット端末などを活用する際も、話を聞きながらマルチタスクで行うということがよくあります。しかし、中には関係のないことをしてしまう、いわゆる「内職」をしてしまっていることもあるでしょう。

こうした「内職」問題も、学習者が未熟だからといって、必要以上に端末の活用場面を教師が統制してしまうと、なかなか学習のデジタル化は進みません。筆者が授業をしていても、学習者が「内職」をしてしまって頭を悩ませることがありますが、これも学習者のみに原因をなすりつけるのではなく、教師自身の授業デザインに原因があったとも考えられるでしょう。

こうした悩みも抱えている中、筆者が実践をした授業のうち、一見すると内職しているように見えてしまうが、学習者用デジタル教科書のグラフを拡大して書き込みながら、話を聞いている子もいました。教師も学習者も、学習のデジタル化を進めるのは試行錯誤が前提となる、という覚悟が必要でしょう。なお、この実践は右記リンクから視聴できます。

授業者からは内職しているように見えてしまうが、デジタル教科書のグラフを拡大して書き込む児童

東京学芸大学附属小金井小学校 ICT 部会 YouTube チャンネル「社会5年「米づくりのさかんな地域」（学習者用デジタル教科書活用）」引用
https://www.youtube.com/watch?v=bir4nfoxqbY

38 デジタルを活用して音読学習をしよう

ここで学ぶこと

・音読
・課題
・Reading Progress

Teams for Educationの「課題」機能には、デジタルを活用して音読学習ができる新機能「音読の練習（Reading Progress）」があります。自動音声認識機能も活用することができるため、さまざまな便利な機能があります。

① 「課題」から「音読の練習」を追加する

補足

サンプルライブラリを参照する

手順**4**の画面で表示される「サンプルライブラリを参照する」で入手できる資料は、ReadWorksが提供している英語原稿です。学年段階に分けられたものが一覧表示されています。

補足

「音読の練習」の各種設定内容

手順**7**では、次のような詳細設定ができます。

・読み取りレベル
・ジャンル
・試行回数
・時間制限
・発音の認知感度
・リーディングコーチ
・ビデオの必須

1 任意のチームに課題の作成をします（114～115ページ参照）。

2 ［添付］をクリックし、

3 ［音読の練習］をクリックします。

4 ［WordまたはPDFのインポート］をクリックします。

5 4つのうちいずれかの方法で、音読学習用の原稿を設定します。

6 設定された原稿の内容を確認し、

7 各種設定を確認します。

8 ［次へ］をクリックし、課題を割り当てます。

② 学習者が「音読の練習」の課題を提出する

補足

初回利用時の権限許可

課題機能で「音読の練習」などを通して初めてカメラ、マイク、スピーカーを利用する場合は、デバイスのアクセス許可を求める画面が表示されます。その場合、学習者に[許可]をクリックするように指示しましょう。

> 課題 にデバイスへのアクセスを許可しますか?
>
> 課題 がアプリの使用中に、カメラ、マイクまたはスピーカーへのアクセス許可を求めています。
>
> [設定] に移動して、いつでもアクセス許可を管理できます。
>
> 拒否　　許可

補足

「リーディングコーチ」の設定時

「リーディングコーチ」を設定していると、[このレコーディングを使用]をクリックしたあと、学習者がつまずいた音読の単語について、練習を促すような画面が出てきます。

⚠️注意

提出を忘れないように周知する

[このレコーディングを使用]をクリックしただけでは、教師へ課題を提出したことにはなりません。[提出]をクリックするのを忘れないように、学習者へ周知しましょう。

---

1 割り当てがされた課題から、添付された「音読の練習」のファイルをクリックします。

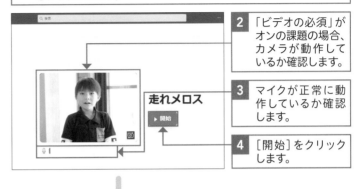

2 「ビデオの必須」がオンの課題の場合、カメラが動作しているか確認します。

3 マイクが正常に動作しているか確認します。

4 [開始]をクリックします。

5 3秒間のカウントダウン後、指定の原稿を音読して読み上げます。

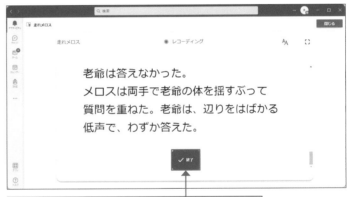

6 すべて読み終わったら、[終了]をクリックします。

7 自分の音読を確認します。

8 必要に応じて[もう一度試す]をクリックします。

9 提出する場合は、[このレコーディングを使用]をクリックします。

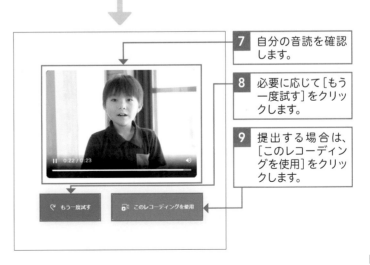

③ 提出された「音読の練習」を確認して返却する

 補足

初回起動時のチュートリアル

「音読の練習」を初めて起動する際は、以下のようなチュートリアル（説明）画面が表示されます。AI（人工知能）によって、自動音声検出とレビューがされることなど、概要が4ステップに分けて説明されます。

1 提出された課題の確認をします（118〜119ページ参照）。

2 学習者が提出した音声（動画）を確認します。

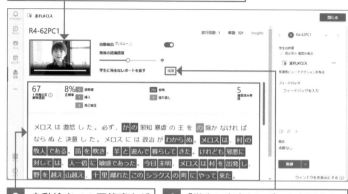

3 自動検出での正答率などの情報を確認します。

4 「学生に完全なレポートを返す」の[編集]をクリックします。

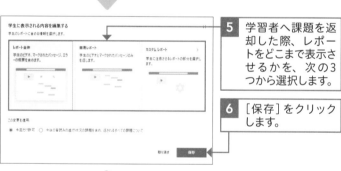

5 学習者へ課題を返却した際、レポートをどこまで表示させるかを、次の3つから選択します。

6 [保存]をクリックします。

(ア)**解説**

Flipとの使い分け

ショート動画の共有と交流ができるツールとして、「Flip（フリップ）」があります（96ページ参照）。今回の課題の「音読の練習」とは異なり、学習者どうしで共有と交流ができるのが、Flipのよさです。他方、「音読の練習」は、教師自身が評価することに加えて、自動音声認識機能を活用した評価もすることができます。さらに、学習者がほかの人に聞かれるのをためらわずに、音読を提出することができます。「Flip」と「音読の練習」、それぞれのよさを使い分けていきましょう。

7 フィードバックや得点を入力し、

8 [返却]（改定のための戻し）をクリックします。

第 **6** 章

Teams for Educationを
さまざまな場面で活用しよう

Teams for Educationをさまざまな場面で活用しよう

▶ 子どもも教師も主体的に活用できることを目指して

これまで学校教育の中心となる授業での学びに着目して、Teams for Educationの活用を考えてきました。学習者が授業で効果的に活用していくためには、1人1台端末を普段から使い慣れている必要があります。端末を使い慣れるための場面は、授業以外にも多くあります。むしろ、学習者が主体的に活用できる場面は、授業以外に多くあるといえるかもしれません。そこで本章では、学校生活で活用できるさまざまな場面を紹介していきます。

1 まず取り上げるのが、連絡帳や健康観察などの、学校生活のルーティーンになっている場面です。

2 次に、学習成果の紹介や学校行事の連絡などの学校生活をより豊かにするために工夫する場面です。

3 さらに、雑談や日記や悩みを聞くなどの人間関係をよりよくするための活用場面です。

このように学校生活において、学習者が主体的に活用できる場面を考えると、教師自身も主体的に活用することが求められます。さまざまな活用アイデアのヒントを具体的に確認していきましょう。

小学校段階においては係活動、中学校・高校においては部活での端末活用は、普段使いへとつながる大きなポイントになると筆者は考えています。本章では、小学校教員である筆者が、係活動で主体的に活用するための具体的な方法も取り上げていきます。以下では、私自身も驚いた学習者の端末を活用した姿を紹介していきます。

1 まず、Teamsの活用を柔軟に幅広く捉えていた「折り紙係」のエピソードです。筆者は、折り紙係の活動は、紙さえあれば活動が成立すると考えていたため、とくにTeamsの活用は不要ではないと考えていました。しかし、自分たちが折った折り紙の作品を工夫して撮影したファイルをTeamsにアップしたり、作品を作るにあたって参考にしたYouTubeの動画のリンクを紹介したり、次回掲示する折り紙作品の予告をTeamsに投稿したりしていました。

2 次に、「遊びいろいろ係」の「絵文字大量」というシリーズのゲームです。次のように、大量の絵文字から、仲間外れの絵文字を探し出してコメントをするというルールとのことです。

絵文字クイズの作成の仕方は、教師である筆者は教えたことがありませんでした。またどのように作成したのかどうかも、想像がつきませんでした。係の児童に聞いてみたところ、Wordファイルに特定の絵文字をスクリーンショットして、それをサイズ調整してコピー＆ペーストで並べていったようです。そして、アニメーションつきの絵文字で、少し表情などが違う瞬間のスクリーンショットし、同じサイズに調整してわかりづらい場所に紛れ込ませたようです。これによって、1つのクイズとしての画像を完成させたとのことでした。学習者の関心から始まって、Wordなどのアプリの操作スキルが相当向上しただろうと想像しました。

このような学習者の姿は、筆者の予想を大きく超えたものでした。これも、Teams for Educationがビジネスツールとして開発されたことも、大きな理由の1つであると感じました。教師の指示なしに、学習者が主体となって、コミュニケーションを自発的に行うことのできる場として機能していたからこそ、こうした姿が見られたのではないかと感じています。先述のように、こうした端末の普段使いができて初めて、これまで述べてきた授業における効果的なTeams for Educationにつながると考えます。

39 | 学校生活で活用できる さまざまな場面

ここで学ぶこと

・連絡帳
・特別活動
・日記

Teams for Educationは、授業以外のさまざまな学校生活で活用できます。連絡帳や健康観察などのルーティンをはじめ、クラスの枠を越えた学校行事の連絡、学習成果の共有、雑談や日記などの活用を考えていきましょう。

① 連絡帳をTeamsで配信する

💡ヒント

よく見る時間割はタブで表示

連絡帳の内容のもととなる時間割は、よく目にする必要があります。こうしたファイルは、あらかじめPDFファイルにしてタブで表示できるようになると（50～51ページ参照）、学習者はもちろん、時間割を投稿する教師にとって便利になります。

💡ヒント

チャネルのモデレーション

連絡帳チャネルで「新しい投稿」をするのは、基本的に教員のみと考えられます。誤って学習者が投稿して混乱しないよう、あらかじめ「チャネルのモデレーション」を［オン］にしておきましょう（110ページ参照）。

学習者をはじめ保護者へ向けて、次の登校日に向けた時間割や持ち物を伝える連絡帳は、Teams for Educationでデジタル化をすることで、効率化が目指せます。

小学校低学年段階など、学習者にとって連絡帳をノートへ手で書くこと自体に教育的意義がある場合もありますが、その段階であっても、Teamsに内容を投稿しておけば、保護者への連絡の抜け漏れなども防止できます。さらに、1人1台端末に毎日アクセスしたり、家庭へ持ち帰ったりする大きな理由にもなります。

他方、デジタルで配信をしてしまうと、学習者が手で書くことと比較して、見落としてしまうなどの懸念を持つ人もいるかもしれません。その対策として、投稿を見た場合には、スタンプを送信するように指示をしておくとよいでしょう。誰が見ているか・見ていないかがかんたんに可視化できます。

> 連絡帳を読んだら、スタンプを送信するように指示します。

> スタンプの数から、確認した学習者の人数を把握できます。

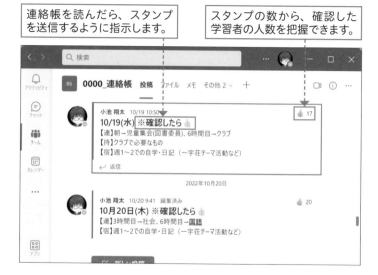

② Formsの健康観察をTeamsから回答する

回答項目の作り方の工夫

学習者にクラスや体温などを答えさせる場合、その都度文字や数値を入力するような項目にすると、回答に手間がかかってしまいます。少しでもかんたんに回答できるよう、あらかじめ作成者が数値を入力して、学習者が選択できるような項目にできるとよいでしょう。

> 1. 今朝の体温(℃)
> ○ 35.5より低い
> ○ 35.6
> ○ 35.7
> ○ 35.8
> ○ 35.9
> ○ 36.0

文部科学省『学校における新型コロナウイルス感染症に関する衛生管理マニュアル〜「学校の新しい生活様式」〜』では、登校時に児童生徒などの検温結果及び健康状態を、学校が把握するよう記述されています。

これを踏まえて、毎日の健康観察をForms（74〜77ページ参照）で作成し、学習者向けにアンケートフォームから毎日回答できるようにすると、効率的に管理をすることができます。Teamsの一般チャネルや連絡帳チャネルなどにタブで追加すると、学習者が忘れずに回答できるようになることが期待できます。

> タブに追加することで、回答しやすくなります。

Formsでの日常的な健康観察を定着させるためには、管理方法に工夫が必要です。学習者の回答記録が、膨大に蓄積されるためです。たとえば担任が把握しやすくするためには、Formsを学級ごとで作成することが考えられます。しかし、管理職や養護教諭の立場で考えると、一目で全校児童数の健康状況が把握できると、非常に便利です。このようなMicrosoft 365に関する課題を効率化したり自動化したりするために有効なツールが、「Power Automate」です（95ページ参照）。これを設定することで、自動で出席番号順に整理されたり、全校学級のシートが表示されたりするExcelが自動的に作成できるなど、健康観察の管理がさらに効率化できます。

健康観察の Power Automate設定の例

東京学芸大学附属小金井小学校 ICT部会 YouTube チャンネルに、佐藤牧子養護教諭による設定例の解説動画が掲載されています。複雑な設定のため、まずは動画を参照しながら試してみましょう。

東京学芸大学附属小金井小学校ICT部会 YouTube チャンネル「PowerAutomate健康観察」より引用
https://www.youtube.com/watch?v=21SwBT V4I7c

> あらかじめ出席番号順にしたExcelシートに、Formsの回答結果が自動的に転送されます。

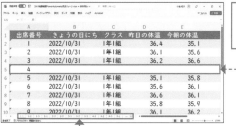

> Forms未回答の児童が一目で把握できます。

> 1つのFormsの回答結果を、クラスごとの複数シートに分けて転送させています。

③ 学習成果を紹介するチャネルを設置する

💬 解説

学習者のためらいへの対応方法

小学校高学年以降になると、周りの目を気にするようになります。また、目の前のテストや受験対策に追われてしまうこともあります。こういう状況だと、「学びは自分のため」と利己的になってしまいがちです。これに加えて、Teamsへの投稿を自主的に行うことは「意識高いと思われて、仲間から笑われないか」などと、空気を読んでしまいがちです。そのような実態で、今回のような学習成果を紹介するチャネルを設置しても、学習者からの投稿がないなどして形骸化してしまうことが考えられます。

そこで、教師がチャネルへの投稿をオンラインでファシリテート(促すこと)ができるとよいでしょう。たとえば、ほかの学習者へ参考にしてほしいような成果を残した学習者がいた場合、あらかじめ「自主学習チャネルに、こういう形で紹介してもよい?」と確認して代理で投稿することが考えられます。

こうしたオンラインに関わるファシリテートが有効に機能できると、Teamsが単に学びの効率化のために活用するのではなく、何のために学びをするのかという本質を深める機会にもなります。

小学校段階では、自主学習を宿題とすることが多くあります。従来であれば、教室の背面や廊下などにコピーして掲示して、学習成果を学級内や校内の人に見てもらうことがあります。中学校・高校段階でも、教科で出される宿題や課題について、文化祭などで共有することがあります。こうした学習成果の情報発信の機会も、Teams for Educationを活用してチャネルを設置すれば、授業以外のさまざまな学びについて、学習者どうしが交流する機会になります。

自主的に復習ノートを作成した成果を共有した例

こうした自主的な学習の発信の場があると、教師も学習者も「学び観」を拡張する大きなきっかけとなります。授業の予習・復習だけでなく、日常で感じた疑問を明らかにするために、調べたり考えたりするようなことも、学習としてまとめて発信しようとする機会になります。さらに、1人1台端末を活用した授業を円滑に行うきっかけにもなります。たとえばWordやPowerPoint、Swayなどのツールを使って、学習成果を発信することが考えられます。日常的かつ主体的にツールを使っていくことで、授業でも上手に活用できるようになることが期待できます。

授業で話題になったことを追究し、Wordにまとめた例

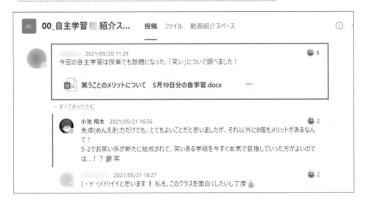

④ 学校行事用のチーム、チャネル、チャットを設置する

注意

学習者どうしのやり取り

そもそもTeams for Educationは、学習のために利用するものです。よって、プライベートのやり取りのために活用してしまうことは、本来の目的と異なってしまいます。未熟な学習者にとって、公的な利用と私的な利用は、なかなか区別がつきづらいです。よって、学習者どうしのみのやり取りをオンラインでする場合は、実態に応じて教師を必ず追加するとよいでしょう。そもそもの目的利用の確認や、トラブルの抑止力につながることも期待できます。

運動会や文化祭、遠足、宿泊行事などのさまざまな学校行事においても、Teams for Educationを活用することで活動の幅が広がります。このような行事では、異学級・異学年で活動することが多いため、対面で時間を合わせることに加えて、Teamsで非同期型で連絡を取り合えるようにすることで、作業が効率的に進められます。たとえば、対面では重要な会議や、準備物の制作を行い、Teamsではファイルの共有や細かな報告、連絡、相談を行う、といったことが考えられます。

上記の学校行事は、期間限定で活動することが多いでしょう。その場合は、わざわざチームを作成してしまうと、学習者の管理も大変になることが考えられます。こうした場合は、プライベートチャネル（109ページ参照）やチャット（31ページ参照）を設置して、同じ組織内の限定メンバーで活動できるようなTeamsの場を設定できるとよいでしょう。

▶ 学級を越えた連絡を容易に行えている例

小学校の委員会活動やクラブ、中学校の生徒会活動、高校の文化祭実行委員など、全校体制で1年かけて活動するような場合は、チャネルやチャットよりも、チームを作成するほうがよいでしょう。活動内容に応じてチャネルを作成することで、円滑なコミュニケーションをすることが期待できます。小学校の係活動の活用方法については、162～165ページで紹介していきます。

クラブ、部活、生徒会、委員会 など

オンラインで交流

⑤ 雑談を投稿できるチャネルを設置する

教師からも雑談を持ちかける

学習者からだけでなく、教師もときに雑談を投稿することも、場を活発にする有効な手立てになり得るでしょう。教師は日ごろから教室においても、学習者の興味を引きつけるために、さまざまな雑談をすることがあるはずです。これもデジタルになると、かんたんに写真を共有することなどもできて、非常に便利です。さらに、教室で話をするときには、なかなか反応を示さない学習者も、オンラインでは積極的に投稿して交流することができるかもしれません。下図は、筆者がレジンを使って手芸をした様子について、雑談チャネルに投稿して、完成品をクイズにして交流したときの画面です。

学校に登校して、教室のうしろで学習者どうし何気ない雑談をする余白の時間には、さまざまな学びの機会があると考えられます。こうした場を、Teams for Educationにも用意できると、さらに学級内でのコミュニケーションに深まりができるかもしれません。

筆者は小学6年生の学級を対象に、年度はじめに「雑談なう」というチャネルを開設して、このチャネルで自由な発信をしてよいことを伝えました。

はじめの投稿で、必要最低限の約束をアナウンスしました。

雑談チャネルの目的

・クラスの人との交流を深めること

投稿してよい内容

・趣味レベルの話であればよい
・あまりに学習から外れてしまうことは避ける

ルール

・問題となった場合は、チャネルを閉鎖する
・マナーを守って楽しく交流する
・必要があれば、投稿ルールを提案すること

すると、6年生からは、習い事の話やタイピングの活動報告、アニメやマンガなどの話が投稿されました。

こうした自主的な発信の場の提供も、学習での有効活用のために有効な経験になるといえるでしょう。

⚠ 注意

チャットやプライベートチャネルの内容の取扱いや通知

プライベートチャネルやチャットを活用して、日記や悩みを聞くことを進めていく場合、教員アカウントのTeamsの情報は秘密に取り扱う必要が出てきます。ログインしたパソコンの画面を教室で開いたまま、別の場所へ出かけてしまったら、それだけで大きなリスクが考えられます。取り扱いには、十分配慮する必要があるでしょう。また、授業でプロジェクターや大型ディスプレイにTeamsを映しながら使っている途中に、内容を秘密にするべきようなメッセージの通知がきてしまい、最悪の場合はバナーで表示されて、授業を受けている学習者全員に見られてしまうということも考えられます。細かな通知設定（44〜45ページ参照）を見直すことも重要です。

学校の教育相談の一環として取り組まれている、個人面談や生活に関するアンケートのみでは、学習者の悩みを聞く機会としては不十分です。学級担任の指導の工夫によって、学習者の悩みを聞いたり相談に乗ったりする機会を作ることはあると考えられます。

Teams for Educationは、こうした学習者の悩みを聞くという場面でも有効活用できる可能性があります。チャットの機能が制限されている自治体でも、プライベートチャネル（109ページ参照）を設置していれば、学習者が教師へ直接伝えづらいことも、Teamsを通して伝えられるかもしれません。

こうした悩みを伝える機会は、単に教師が「悩んだらプライベートチャネルを使ってね」と学習者へ伝えていても、不十分です。たとえば週に1〜2度、学級担任へ日記をプライベートチャネルから提出することを宿題として習慣化させていくと、その流れで相談などをしやすくなるかもしれません。

現代の子どもたちは、デジタルとアナログの境界線が少なくなっています。だからこそ、デジタルの場で相談に乗れる機会を作ってあげることは、学習者にとって安心の場が増えることを意味するはずです。

40 係活動で主体的に活用しよう

・係活動
・ポスター
・表彰状

小学校の特別活動で日常的に行われる係活動は、Teams for Educationを主体的に活用できる大きなチャンスです。ここでは、積極的な活動を促すための表彰制度などのヒントも紹介していきます。

① 投稿する場の方針を考える

 補足

係活動と当番活動の違い

係活動と当番活動の内容は、混同されてしまいがちです。これを避けるために、最近では係活動のことを「会社活動」ということがあります。それぞれの違いは、以下の通りです。

係活動

・学級生活の充実と向上のため
・みんなで話し合って決定し、役割分担する
・児童が創意工夫して取り組む自治的活動

当番活動（日直・掃除当番など）

・学級運営上なくてはならない仕事
・輪番制などで教師が役割を与える
・責任感などを育む

学級にある花を例にすると、「花の水やりをする」ことは当番活動、「花を紹介する」ことは係活動といえます（参照：YouTube『文部科学省/mextchannel「学級活動（1）の指導の工夫〈係活動編〉」』）。

小学校の特別活動では、学級生活の充実のために、係活動を行っていきます。たとえば、「学級新聞係」「マジック係」「お笑い係」「読書係」「イラスト係」「バースデー係」などの係が考えられます。こうした係活動をアピールしたり、情報発信したりする場として、Teams for Educationは有効に機能します。

係活動は学級内で行うものであるため、学習者が投稿する場は、学級のチームに設けることになります。このとき、「係活動チャネル」と1つにまとめたチャネルを作るか、「学級新聞係チャネル」「マジック係チャネル」などのように、係ごとでチャネルを作るかどうかで、メリット・デメリットが考えられます。これらを踏まえて、方針を決めていきましょう。

▶ **「係活動チャネル」の場合**

メリット	デメリット
・チャネルが増えすぎない ・係間の競争が可視化される	・各係の話題が複雑に絡み合う ・活動しない係の情報が埋もれてしまいやすい

▶ **各係ごとのチャネルの場合**

メリット	デメリット
・係の話題が整理されやすい ・活動しない係が可視化される	・学級のチャネル数が多くなる

② 活動内容を紹介するポスターをデジタルで制作する

補足

ポスターに記載させる内容

係の紹介ポスターには、係の名前、メンバー、活動計画、メンバーの写真などが掲載されるとよいでしょう。低学年や中学年であれば、あらかじめテンプレートや枠を教師が配布するという手立ても考えられます。係に合ったデザインやイラストなどを入れている姿を積極的に評価することで、さまざまな端末の操作方法を学ばせる機会にもなります。そのほかにも、著作権の指導などをする機会にもなります。

年度はじめや学期はじめに、学級会で係活動の内容が決まった際、教室掲示用のポスターを制作させて、活動内容をクラスに紹介するという活動を取り入れることがあります。こうした場面も、1人1台端末を日常的に活用できるように使い慣れるチャンスとなります。アナログでは実現し得ない共同編集機能を活用して、効率的に制作することもできます。

ただし、係活動は学習者の自治的活動によって成立するものですので、ポスター制作時に1人1台端末活用を強制させるのではなく、手書きでもよいことを伝えるとよいでしょう。さらに、WordやPowerPointなど、ツールを自由に選ばせることも、学習者が学び方を学ぶ機会にもなります。ポスターにも係ごとの個性が現れるため、所属感が高まると考えられます。

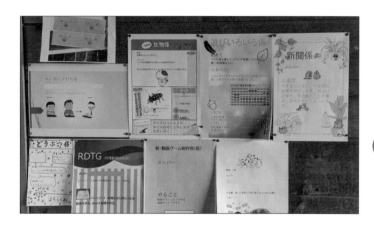

さらに、作成したポスターはTeamsにも共有できるとよいでしょう。手書きで作成した係であっても、写真撮影を行って投稿することを促しましょう。ポスターのファイルを投稿することによって、さらに多くの学級の人たちに情報を届けたり、交流したりすることが期待できます。

③ 係内で相談できる場を用意する

 注意

内輪でのやり取りが
続いてしまう場合

少人数でやり取りができる場を設けてしまうと、未熟な学習者は相談のためにあるという本来の目的を忘れてしまい、内輪でのやり取りが続いてしまう場合があります。オンラインでのコミュニケーションに慣れていない段階だと、このような学習者の姿はよく見られます。こうした場合でも、教師は必要以上にチャットで横やりを入れずに、教室へ登校してきたときに直接話をしながら、何のために使うものだったかを指導できるとよいでしょう。チャットで続けてしまうと、際限がなくなってしまったり、学習者の自治的活動の雰囲気を損なってしまうことが考えられます。また、こうした指導が増えることが、教師の負担と考えられてしまうこともあるかもしれません。しかし、情報モラル教育やデジタルシティズンシップ教育の一環と捉えて、現代の情報社会を生きる学習者に必要な学びであると考えていくことが重要になります。

 補足

プライベートチャネルを
設けることによる効果

例の「新聞係」のプライベートチャネルのような場を設けることで、Formsのアンケートフォームの共有範囲の設定を確かめたり、試行錯誤したりするなど、学習者にとって高度な機能の確認もできます。

163ページの係活動の紹介ポスターをはじめ、活動を進めていくにあたっての相談をしていくために、係内で連絡できる場を用意できるとよいでしょう。端末を家庭に持ち帰っていれば、自宅からでも非同期でやり取りを行って、係活動の作業を進めることができます。

自治体などの設定でチャットが使える場合は、係のメンバーを加えたチャットグループを作ると便利です。チャットの利用が制限されている場合は、係のメンバーのみ限定としたプライベートチャネル（109ページ参照）を設定できるとよいでしょう。この場合、係活動の情報発信を行うチャネルと混同しないように、チャネル名に「相談用」などとつけて区別しましょう。

▶ 「新聞係」のプライベートチャネルの例

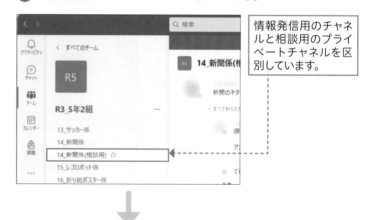

> 情報発信用のチャネルと相談用のプライベートチャネルを区別しています。

> 新聞のネタをメモする用のスレッドです。

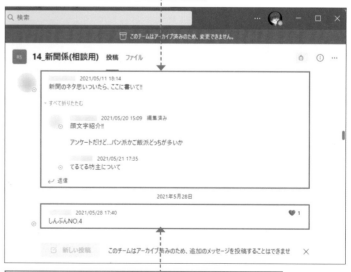

> 学級へ新聞のデータをアップする前に確認をしています。

④ 表彰制度を取り入れて積極的な活動を促す

40

係活動で主体的に活用しよう

補足

テンプレートの利用方法

WordやPowerPointで「新規」を作成したあと、「オンラインテンプレートの検索」の欄に「賞状」「表彰状」などと入力すると、さまざまなデザインのテンプレートが使用できます。

Wordの例

PowerPointの例

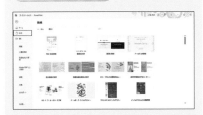

係活動を年間を通じて行っていくと、年度途中に活動が停滞することがあります。これを見据えて、Formsを活用して相互投票を行う「月間MVP制度」を導入できるとよいでしょう。

> 自分以外で今月がんばっていた係を1つ投票させるようにしています。

もっとも投票を集めた係に対して、教師がWordやPowerPointのテンプレートを活用して、表彰状を作成します。これを印刷して、学級全体で渡すことでモチベーションアップを図ります。こうした表彰結果も、MVPを受賞した学習者が表彰状を撮影して、学級へお礼の投稿をTeamsで行う例も見られました。

さらに、こうした経験を生かして、ある係が企画を発案して表彰状をWordやPowerPointで作成して渡すという取り組みにまで広がった例もあります。

6

Teams for Educationをさまざまな場面で活用しよう

165

41 校務で活用できる
さまざまな場面

ここで学ぶこと

・校務
・ペーパーレス
・行事のオンライン化

Teams for Education を校務で活用する例は、これまでも取り上げてきました。ここでは、さまざまな場面で活用するために必要な考え方やヒントを紹介していきます。

① Microsoft 365 Educationアプリとの組み合わせと注意事項

⚠注意

**教職員間でのインフォーマルな
コミュニケーションでの活用**

学習者どうしで雑談チャネルを活用することの有効性は、160ページで紹介しました。教職員間でも、Teams for Education を活用して、日常的な会話や雑談、何気ないやり取りなどのインフォーマルなコミュニケーションでの活用も考えられます。しかし、教職員の働き方の多くは、リモートワークではなく教室へ直接行くことが前提としてあります。職員室で直接を顔を合わせる中で、インフォーマルなコミュニケーションをするほうが、より関係が深まることも考えられます。勤務時間外での利用が必要以上に求められてしまったり、それが可視化されてしまったりすることもあります。また、雑談チャネルを設置したにもかかわらず、誰も投稿しない状態が続いてしまうと、関係性の希薄さを可視化させ続けてしまうことにもなりかねません。このように、教職員間でのインフォーマルなコミュニケーションの場を作ることは、熟考が必要であるといえます。管理職の考え方や学校経営方針にも関わる重要な内容であるため、導入する場合は慎重に議論を重ねていく必要があります。

校務のさまざまな場面において目的を達成するために Teams for Education を活用する際には、Micorosoft 365 Education の各種アプリとの組み合わせが必要不可欠となります。

第3章「Microsoft 365 Education を知ろう」では、以下のように校務の各種アプリの活用例を紹介していきました。

機能	校務の活用例	概要
Word (62ページ)	各種会議の提案文書の共有	職員会議などの会議資料を共同編集してコメントを残す
Excel (66ページ)	座席表の作成と共有	関数を活用して簡易座席表を作成して専科教員に共有する
PowerPoint (70ページ)	学級通信の共有	学級通信を作成して教員、学習者、保護者へ共有する
Forms (74〜77ページ)	ブラウザー版「Forms」で学校行事の反省	入学式などの行事の振り返りフォームを共有して集計する
OneNote (78ページ)	「スタッフノートブック」の活用	教職員に限定して会議メモやタスクリストを共有する
Whiteboard (82ページ)	研究会でアイデアを出し合う	共同でメモにアイデアを入力したり分類したりする
Sway (86ページ)	特設Webサイトの作成	文化祭のWebサイトなどを作成してリンクを共有する
Stream (90ページ)	Teams会議レコーディング動画の共有	職員会議や学校行事などの録画した動画をリンクを取得して共有する

このように校務でTeams for Educationを活用できる場合であっても、学習者のチームと同じ組織下において活用することが考えられます。よって、学習者の目に触れてしまってはまずいような、成績や個人情報に関わる文書は、Teamsで管理することを避けるべきです（196～199ページ参照）。

この前提を踏まえると、校務の活用例は必然的に学習者の活用の文脈で活用することが多くなります。しかし、工夫次第で職員会議などでの活用も考えられます。学習者が日常的にTeamsを有効活用できるようになるためには、教職員も日常的に校務でTeamsを有効活用していくことが求められます。

② 職員会議の文書をリマインドで連絡する

職員会議が紙面で行われている学校でも、ペーパーレスで行われる学校でも、もととなる提案資料はファイル形式でデータとして保存されていると考えられます。いずれの学校でも共通して挙げられる課題が、各種行事などの前日になって、慌てて職員会議で承認された文書を探す教職員がいるということです。当然、資料管理の能力は教職員として求められるスキルではありますが、日々の膨大な業務量の中で大変なことではあります。職員会議がペーパーレスになった学校であれば、デジタルでのファイル管理などを苦手とする教職員もいるはずです。こういったときに、職員会議の文書をリマインド（再確認）するためにTeamsに投稿するということは、ペーパーレスならではの活用方法だといえます。

また、職員会議で提案した文書に対して修正が多くなされた場合、再度印刷して配布をし直すというケースもよくあります。こうした場合、直前にリマインドとあわせて確定版のファイルを一斉に連絡できるというのも、ペーパーレスの大きなメリットとして考えられます。

補足

社内SNS「Yammer」

Microsoft 365には、会話と交流を目的とした社内SNSである「Yammer」というアプリがあります。

補足

印刷は希望する人のみ

職員会議が紙面で行われている学校が、今後ペーパーレスに移行することを想定すると、ICTに苦手意識を持つ教職員にとっては抵抗感があると考えられます。しかし、こうしたリマインドの連絡の際、必要に応じて各自印刷すればよいことも伝えれば、安心できるかもしれません。「すべてデジタルに移行するわけではない」という情報が、さまざまな立場の教職員の安心感を生み出す機会になります。

注意

PDF形式で誤編集防止をする

ファイルをWord、Excel、PowerPointなどでそのまま投稿すると、Teamsの操作に慣れていない教職員が、誤って内容を編集してしまうことが考えられます。これを防止するためには、PDFファイルにしてアップロードするとよいでしょう。ただし、一度PDFに書き出してしまうと、すぐに修正したりコメントをし合ったりすることが難しくなります。目的や教職員の状況に応じて、どのファイル形式でアップロードするか検討しましょう。

件名（39ページ参照）にリマインドであることを明記します。

メンション（42ページ参照）をつけて、教職員が気づけるように通知をします。

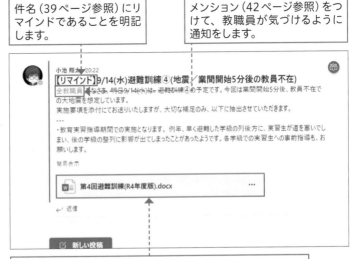

ファイル添付（46ページ参照）で最新版の内容を共有します。

③ 学校行事をオンライン（同期・非同期）で配信する

注意
各教室での会議参加の際の ハウリング

各教室どうしが近い場所で、同期型でビデオ会議に参加する場合、スピーカーから出た音をマイクが再び拾い続けてしまい、ハウリング（「ピー」などの不快な音が出続ける現象）が発生することが考えられます。この場合は、スピーカーの音量を必要最低限に小さくしておく、マイクを基本的にオフにしておくなどの対策が必要となります。

コロナ禍以前に、体育館などで一斉に行われていた学校行事の多くが、オンラインで開催されるようになりました。たとえば、始業式や終業式、全校集会、児童集会、安全教室や各種講演などが挙げられるでしょう。こうした行事も、グラウンドで行えば三密対策ができるかもしれませんが、気候の影響があること、プロジェクターで全校の学習者へ投影できないことなど、制約も多くあります。また、あらかじめ動画を編集して、全校に配信するなどの行事の開催方法も考えられます。このようにコロナ禍以降でも、三密対策とは異なる観点で、学校行事をオンラインで配信することは、今後も定着していくと考えられます。教職員の校務用チームがあれば、以下のように同期型（時間を合わせたライブ型）・非同期型（時間を合わせない視聴型）それぞれで、学校行事を配信することが可能となります。

▶ 同期型（ライブ型）の例：インターネット安全教室

招待URLと会議IDとパスコード（56ページ参照）を記載して、アクセスしやすいようにします。

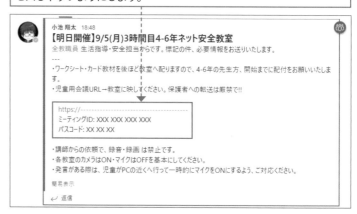

▶ 非同期型（視聴型）の例：児童集会

あらかじめ編集した動画を、各教室で再生してもらうように伝えています。

注意
投稿で動画を アップロードする場合

Teamsの投稿で動画を直接アップロードする場合、ファイルサイズが大きくなりすぎてしまうと、動作が安定しなくなることが考えられます。Streamにあらかじめアップロードしておくと、安定して動画視聴することが期待できます（90ページ参照）。

第 **7** 章

自宅からオンライン授業に参加できるようにしよう

オンライン授業の可能性と工夫

▶ コロナ禍以降も活用可能性のあるオンライン授業

2020年3月から始まった、新型コロナウィルスの感染拡大に伴う一斉休校期間において、自宅からオンラインで授業を受けられるようにするために、各所でさまざまな試行錯誤がされたあと、多くの実践報告がされました。コロナ禍が徐々に落ち着きつつある今、自宅からオンライン授業ができることへの切実さは、薄れてきているといえるかもしれません。しかし、自宅からいつでもオンライン授業ができるようになることは、教師にとっても子どもにとっても非常に重要です。たとえば、こんな場面でオンライン授業があると効果的です。

- ・同居家族が体調不良だが、自分自身は家で元気なので、学校の授業を受けたいとき
- ・友達との人間関係などで保健室に登校しているが、教師の授業の様子を見たいとき
- ・自然災害が発生して自宅待機となったとき
- ・担任が出張などで教室を離れているが、授業時間が確保できたとき

これらは可能性としては低いかもしれませんが、いつでも、どこでも、家庭と教室とがつながって、学ぶことができる環境にあるということは、「学ぶことを大切にしている」という何よりのメッセージにもなります。こうしたオンライン授業は、非常事態が発生した場合に、教師も子どももすぐにできるものではありません。たとえば、端末活用を上手に行っている公立学校などは、年間行事の中に「情報防災訓練」の一環として午前授業にして、午後は家庭からオンライン授業の練習をする、という取り組みをしていることもあります。このような取り組みができていると、日々端末を家庭に持ち帰っている理由の1つにもなります。

また、これはコロナ禍特有のメリットといえますが、お互いの顔をしっかりと見合って学び合えることは、学習者にとっては新鮮な経験となるでしょう。普段の教室では、マスクを着けてお互いの顔がすべて見られない環境で生活をしています。しかし、家庭からのオンライン授業であれば、全員がマスクを外してお互いの顔を見ることができます。

さらにコロナ禍を越えた先に考えられるメリットとしては、家ならではの学びができるということがあります。たとえば、家にある実物をお互いに見せながら、算数の測定の学習をしたり、国語のプレゼンテーションの学習をしたりすることが考えられます。こうした学習は、学校では見られない意外な一面を知ることができ、学習者どうしの絆が深まる機会になるといっても過言ではありません。

このように、コロナ禍以降も活用可能性のあるオンライン授業に、本章のオンライン授業関連の機能紹介を参考にしながら、挑戦していきましょう。

▶ 家庭からのオンライン授業への最大限の配慮を

オンライン授業には大きな可能性はありますが、家庭からオンライン授業を受けるとき、学習者の心理的負担はそれなりに大きいものであると、教師は理解しておく必要があります。その大きな理由は、家には保護者がいるということです。そもそも小学校低中学年であれば、保護者の支援や協力が必要となるために、心理的負担と表現するのは適切ではないかもしれません。しかし、保護者が常に子どもの授業を見るということも可能となるために、プレッシャーのかかる授業参観をずっと受けているような状況になるともいえます。とはいえ、保護者の方で強い関心がない場合は、生活音や映り込みなどを気にしないあまり、ほかの学習者が見たり聞いたりしてはまずいものを、配信してしまう形になってしまう可能性もあります。

こうした事態を避けるためには、教師が学習者へカメラやマイクのオンを強制させることについて、慎重になる必要があるといえます。しかし、授業における学びでコミュニケーションを取ることが大前提となるために、どうしてもカメラをオンにしてほしいと考えることも有り得ます。さらに、必ず発言をすることが授業での大前提となるために、どうしても話し合いの活動をオンラインでできるようにと考えることも有り得ます。教室の授業とまったく同じことをオンライン授業で再現しようとしても、どうしてもうまくいきません。そこで、最大限の配慮をTeams for Educationの機能面で補うために、本章では以下のような活用について紹介していきます。教師の創意工夫によって、学習者が自宅からでも安心して楽しくオンライン授業を受けられるように、準備を重ねていきましょう。

会議の見逃し防止のためのレコーディング（録画）機能や、挙手指名による進行の方法です。

話しづらい子へのチャット機能の活用、少人数での話し合い（ブレークアウトルーム）機能も有効です。また、家庭の映り込みの防止などのために、背景画像の適用もおすすめです。

7 自宅からオンライン授業に参加できるようにしよう

ここで学ぶこと

- ・オンライン授業
- ・会議の設定
- ・会議の参加

授業者としてオンライン授業を行うにあたって、必要な準備を紹介します。授業者が事前に会議を設定しておくと、学習者が迷わずにアクセスすることができるようになります。会議への参加方法は、52～58ページを参照してください。

① 事前にチャネルへ会議設定をする

ヒント

オンライン授業専用のチャネルを作る

一般チャネルにオンライン授業の設定をしてしまうと、話題が混在してしまうことがあります。欠席したら「オンライン授業チャネルを見る」などとルール化すれば、学習者も迷わずに参加することができるはずです。

補足

事前にチャネルに設定するメリット

会議を事前にチャネルに設定するメリットは、以下のようなことが挙げられます。

- ・チームに参加する人たちへ、あらかじめ会議の参加先を投稿で示すことができる。
- ・必須参加者として招待された人は、メールやカレンダーで会議情報が追加される。
- ・会議の主催者が入室する前から、参加者が会議に参加できる。
- ・会議で使用するチャットに相当する場所へ「返信」して投稿できる。
- ・会議の名前を残すことができるため、記録がたどりやすくなる。

1 オンライン授業の配信に関連づけるチャネルを選択します。

2 「会議」の横にある ∨ をクリックし、

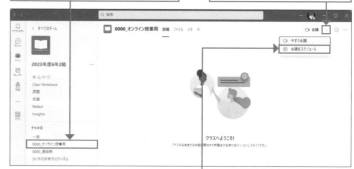

3 [会議をスケジュール]をクリックします。

4 会議のタイトル、必須出席者（同組織の場合はアカウント名、ゲストの場合はメールアドレス）を入力し、

5 開始・終了時刻を設定します。

6 チャネルへの関連を確認し、会議の説明などを入力します。

7 [送信]をクリックします。

補足

さまざまな会議の作成方法

Teamsのビデオ会議の始め方は、カレンダーから追加したり、チャネルへ［今すぐ会議］をクリックしたりするなど、ここに紹介した以外にさまざまあります。

8 会議の設定と詳細がチャネルに投稿されました。なお、会議の設定後、会議名や必須参加者、日付や時間などは変更できますが、チャネルの関連づけを変更することはできません。

2 設定したビデオ会議を開始する

⚠️ 注意

設定後に会議の内容を
修正した場合

会議名や必須参加者、日付や時間などを修正した場合、手順 **2** の［参加］が［更新内容を送信］に変わります。これによって、一度投稿された会議が変更されたということがチーム参加者に通知されたり、必須参加者にその旨が自動でメール送信されたりします。あまり変更しすぎてしまうと、関係者に連絡が頻繁に届いてしまいます。

補足

会議のリンクと
会議ID・パスコードの取得

会議のリンクと会議ID・パスコードは、会議の招待メールから取得することができますが（58ページ参照）、これと別の方法で取得もできます。それは、事前にチャネルへ会議設定した際のページ下部にある、会議の説明などの入力欄から取得する方法です。ここには、会議の設定時には記載のなかった会議のリンクと会議ID・パスコードが、設定後に自動的に追加されています。自動でのメール招待に加えて、各種文書などで別の形で会議情報を共有したいときは、こちらから取得するとよいでしょう。

1 チャネルに投稿された会議名をクリックします。

2 ［参加］をクリックします。

3 会議の各種設定を確認します（52ページ参照）。

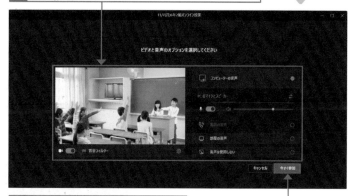

4 ［今すぐ参加］をクリックします。

43 | 会議の録画、出欠確認、挙手指名をしよう

ここで学ぶこと

・レコーディング
・出欠確認
・挙手

ビデオ会議で出欠確認や挙手指名を行うには、操作のコツをつかむことが必要になります。また、欠席した学習者のために、授業の様子をかんたんに録画することも可能です。これらの操作の方法を紹介していきます。

① 会議の録画（レコーディング）をする

解説

**チャネルに関連した会議の
レコーディング動画の保存先**

チャネルに関連した会議のレコーディング動画は、レコーディングが停止したあとに、チャット欄へ表示されます。契約しているライセンスや権限の設定によって詳細は異なりますが、基本的にはSharePointに60日の有効期限内で保存されます。なお、個人で会議などをした場合の動画は、OneDriveに保存されます（93～94ページ参照）。

補足

録画のプライバシーポリシー

録画の開始時にも表示されるマイクロソフトによるプライバシーに関する声明は、「https://privacy.microsoft.com/ja-jp/privacystatement#mainnoticetoendusersmodule」よりアクセスできます。

▶ レコーディングの開始

1 会議に入室し、[その他]をクリックします。

2 [レコーディングを開始]をクリックし、数秒待ちます。

3 録画が開始されると、レコーディング中を表すマークが表示されます。

4 レコーディングが開始されたメッセージが表示されます。

▶ レコーディングの終了

1 [その他]をクリックし、

2 [レコーディングを停止]をクリックします。なお、レコーディングを手動で停止しない場合、会議から全員が退出することで終了します。

② 出欠確認をする

✏ 補足

正確な入室・退出時刻を把握する

⋯ から、［出席者リストをダウンロード］をクリックすることで、参加したアカウントの正確な入室・退出時刻のcsv（表計算）ファイルを見ることができます。なお、組織の管理設定によって、このボタンが表示されない場合もあります。

1 ［参加者］をクリックし、

2 自分も含めた会議の参加者数を見て、参加すべき人数と合っているかを確認します。

3 「候補」の一覧から、参加すべきユーザーで参加していない人を特定します。

4 ［参加をリクエスト］をクリックすると、そのユーザーへ会議に参加するよう通知がされます。

③ 挙手指名をする

✏ 補足

手を下げる

挙手をしたあと、リアクションののアイコンは ✋（手を下げる）という表示になり、クリックするとアイコンが消えます。

💡 ヒント

「手を下げる」を忘れている場合

✋ をクリックし、マイクのミュートを解除して発言するなどしたあと、「手を下げる」ことを忘れてしまう場合があります。この状態が続くと、進行上混乱することがあります。そこで、会議の開催者が「参加者」のアカウント名のボタンから、手を下げさせることもできます。

▶ 学習者が挙手する場合

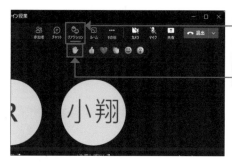

1 ［リアクション］をクリックし、

2 ✋（手を上げる）をクリックします。

▶ 授業者が指名する場合、学習者が挙手順を確認する場合

1 ［参加者］をクリックします。このとき、挙手をしている人数が表示されます。

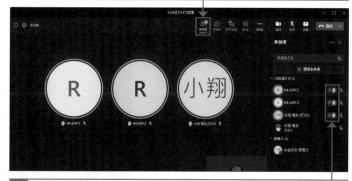

2 挙手した順番の表示を踏まえて指名して、発言を促すなどします。

Section 44 | マイクのミュート管理や チャットでの呼びかけをしよう

ここで学ぶこと

・マイクのミュート
・チャット
・メンション

ビデオ会議に慣れていない学習者に対して、授業者がマイクのミュート管理をしたり、チャットで呼びかけたりすることができると、安心してオンライン授業をすることができます。

① 学習者の雑音を消すためにマイクをミュートする

解説

ビデオ会議の管理ができる「発表者」

会議の開催者は「会議のオプション」を利用することで、参加者の権限を「発表者」にするか「出席者」にするかを変更できます（57ページ参照）。「発表者」にしていると、画面共有の権限が与えられるだけでなく、お互いをミュートにしたり、会議から退出させたりすることができます。

注意

「発表者」によるいたずらやトラブル

「会議のオプション」で「発表者となるユーザー」を［全員］にすることで、いたずらやトラブルが発生してしまう場合があります。具体的には、学習者どうしでマイクをミュートにさせてしまう、学習者を強制的に退出させてしまうなどです。初学者であると、悪気なく誤操作である可能性がありますが、いたずらやトラブルに発展する可能性もありえます。こうした場合は、「会議の発表者となるユーザー」を、［自分と共同開催者のみ］に変更しておくとよいでしょう。その際、画面共有を学習者に行わせるには、その都度発表者に設定する必要があります。

オンライン授業中によく困ってしまうこととして、マイクをオフにすることを忘れてしまい、ほかの学習者にとって雑音を流し続けてしまうことがあります。オンライン授業の設定をした授業者は、開催者の権限を使って、そうした学習者のマイクを強制的にミュート（オフ）にすることができます。

1 発言の必要のない場面で、誤ってマイクをオンにしてしまい、雑音を流し続ける学習者がいることを確認します。

2 該当の学習者のアカウント名の横の■■をクリックし、

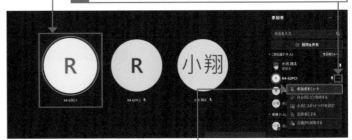

3 ［参加者をミュート］をクリックします。

4 該当のアカウントのマイクがミュートになったことが確認できます。

② チャットで呼びかけをする

チャネル投稿と同じ感覚で利用できる

チャネルに関連したビデオ会議の場合、基本的にチャネルの投稿に対する「返信」と同じ感覚でチャットを利用することができます。よって、送られたチャットに対して、スタンプをつけることもできます。

チャットの記録もチャネルに残る

上述の通り、チャットの記録もチャネルに残すことができます。チャネルに会議の履歴が投稿として残るために、過去のオンライン授業の振り返りを容易にすることができます。この点は、ほかのビデオ会議ツールなどと比較して、非常に便利なTeams特有の機能であるといえます。

オンライン授業中の別の困り事として、学習者が呼びかけに応答しない場合があります。単に音声だけのコミュニケーションをしてしまうと、相手が応答できないなどの場合に、授業の進行がストップしてしまいます。チャットで呼びかけたり交流したりできると、円滑な進行が期待できます。

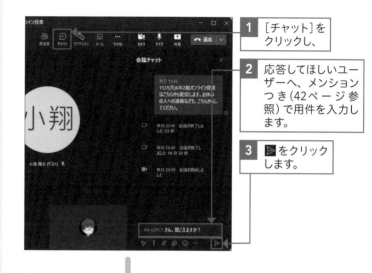

1 [チャット]をクリックし、

2 応答してほしいユーザーへ、メンションつき(42ページ参照)で用件を入力します。

3 ▶ をクリックします。

4 自分のチャットが参加者全員・チャネルに関連した会議の場合はメンバー全員へ投稿されます。

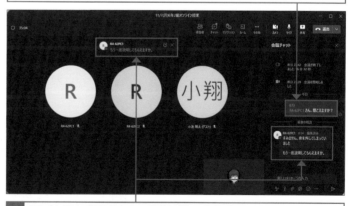

5 呼びかけた学習者からの返信があった場合は、このように確認できます。

大勢でのオンライン授業や、教室が複数いる中で家庭で1人で遠隔授業を受けたりすると、学習者にとってマイクのミュートを解除して話すことは、相当勇気のいることになります。こうした場合、このようにチャットを活用しながらコミュニケーションが取れると、学習者も安心して学習することができます。

ここで学ぶこと

・スポットライト
・ピン留め
・フレームに収める

ビデオ会議の際、カメラを参加者全員に表示させたり、自分だけが特定の参加者のカメラを強調して表示させたり、カメラの表示をフレームに収めたりしたい場合が発生します。それらの方法を紹介します。

① 「スポットライト」で全員にカメラ表示を強調させる

🗨 解説

スポットライトの使いどころ

進行を中心にするオンライン授業では、教師自身にスポットライトを設定すると、学習者が説明を聞きやすくなるでしょう。また、授業中に発表する人にスポットライトを設定すると、その人が教室の前に立って発表しているような演出をすることもできます。

✏ 補足

スポットライトを終了する

設定したときと同様にアカウント名の ••• をクリックすると、「スポットライトを終了する」が表示されます。自分自身にスポットライトが設定されている場合は、会議の画面上部に「スポットライトを終了する」が表示され続けています。

✏ 補足

スポットライトは最大7人まで

スポットライトは同時に最大7人まで設定することができます。

1 自分のカメラをオンにします。

2 自分のカメラ表示の左下にある ••• をクリックし、

3 [全員にスポットライトを設定] → [全員にスポットライトを設定] の順にクリックします。

▶ 同じ会議に参加している人の画面

1 スポットライトを設定したアカウントのカメラが全画面に自動表示されます。

スポットライトを設定したアカウントの横に、スポットライトのマークが表示されます。

② ピン留めをして自分の画面上だけで強調表示させる

 解説

自分だけが特定のカメラを確認する

スポットライトを設定すると、会議の参加者全員の画面表示を強制的に変更させてしまいます。そこで、自分だけ特定の学習者などのカメラを強調して表示させたい場合に、このピン留め機能を使うと便利になります。

 補足

ピン留めを終了する

ピン留めを設定するのと同じ手順を行うことで、ピン留めを終了ができます。

補足

ピン留めは最大4名まで

ピン留めを同時に設定できるのは、最大4名までです。

1 ピン留めしたいアカウント名の横にある ⋯ をクリックし、

2 [自分用にピン留めする]をクリックします。

3 ピン留めをしたアカウントのカメラの表示が大きくなり、アカウント名の横にピンのマークが表示されます。

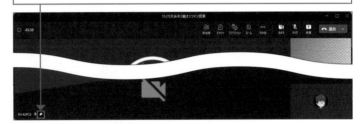

③ カメラの表示をフレームに収める

解説

カメラ全体の様子を見る

Teamsのビデオ会議では、カメラをオンにしているアカウント数や画面の大きさなどに応じて、会議に参加している人を拡大して映す(不要と思われる左右の部分をトリミングする)設定となっています。この設定を解除して、カメラ全体を見たいときに使えるのが、この「フレームに収める」機能です。

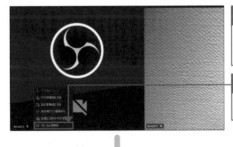

1 フレームに収めたいアカウント名の横にある ⋯ をクリックし、

2 [フレームに収める]をクリックします。

3 トリミングの設定が解除され、カメラの全体が映ってフレームに収まったことが確認できます。もとの表示に戻す場合は、同じ手順で[トリミングする]をクリックします。

Section 46 少人数の話し合い機能や 背景効果を活用しよう

ここで学ぶこと

・ブレークアウト
　ルーム
・背景効果
・Togetherモード

ビデオ会議では、全体の場で発言したり、家の環境でカメラをオンにしたりすることにためらってしまう学習者がいると考えられます。少人数の話し合い機能や背景効果を活用して、心理的負担を軽減しましょう。

① 少人数の話し合いの場（ブレークアウトルーム）を作る

💬 解説

話し合いの活性化が
期待できる

オンライン授業で全員の前で発言することは、教室対面のとき以上に緊張することも考えられます。そこで自動で割り当てられるブレークアウトルームを作ることで、自分がどの相手と話すことになるかというワクワク感を持って、周りの目を気にしすぎずに活発に話し合うことが期待できます。ただし、ブレークアウトルームが万能というわけではなく、雰囲気づくりや問いを工夫しないと、割り当て以降も全員が話し合いをしないで放置したままになるリスクも考えられます。

✏️ 補足

ブレークアウトルームの設定

次のような詳細設定ができます。

・発表者の割り当て
・時間制限
・ユーザーを自動的に移動
・メインの会議に戻る

1 ［ルーム］をクリックします。

2 会議の参加者数を踏まえて、作成するルームの数を選択します。

3 参加者のルームへの割り当てを、自動にするか、手動にするかを選択します（以降の解説は自動の場合）。

4 ［ミーティングを作成］をクリックし、割り当てが完了するまで数秒待ちます。

5 設定したルームの作成数と、割り当てられた参加者の内容を確認します。

6 必要に応じて、詳細設定を変更します。

7 ［開く］をクリックして数秒経つと、ブレークアウトルームが開始されます。

補足

手動で参加者を割り当てる

ブレークアウトルームの作成時に「参加者の割り当て」を手動にしたり、作成後に「参加者の割り当て」をすることで、各ユーザー単位でどのルームに割り当てるかを選ぶことができます。手間はかかりますが、こちらが指定したり場所を交換したりする場合に有効です。

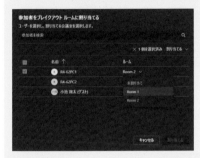

補足

ルームの名前変更

各ルームの••• から[名前の変更]をクリックすることで、ルームの名前を変更できます。はじめは、自動的に「Room1」「Room2」のように名前がつけられます。

補足

ブレークアウトルームの終了

ブレークアウトルームの開始以降、[開く]のボタンは[閉じる]に変わります。これをクリックすることで、ブレークアウトルームを終了できます。

補足

各ルームのレコーディング

ブレークアウトルームの各ルームのレコーディングは、各ルームごとに開始する必要があります。

---

8 開催者自身はメインのルームに残ったままになります。

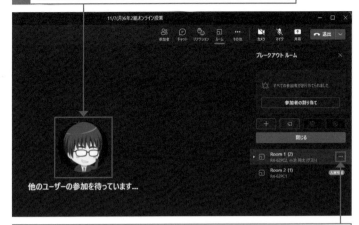

他のユーザーの参加を待っています...

9 割り当てられたルームに入室したい場合は、••• をクリックします。

10 [ミーティングに参加]をクリックし、数秒待ちます。

他のユーザーの参加を待っています...

11 新しいウィンドウが開き、ルームに参加できました。

② 背景効果を適用する

 解説

プライベート空間への配慮のために

家からオンライン授業をする際、背景の映り込みが気になって、なかなかカメラをオンにできないという学習者がいることが想定されます。このようなときに、背景効果を適用することで、その心理的負担の軽減が期待できます。

 補足

オリジナルの画像を背景効果にする

背景の設定画面の[新規追加]をクリックすることで、自分自身が持っているオリジナルの画像を背景効果として適用することができます。教師が家庭からオンライン授業をするときなどに、日ごろの教室の背景などを使用すれば、学習者が日常の授業と同じ雰囲気を感じられるかもしれません。

補足

「プレビュー」で設定の確認を

背景画像をどれにするべきかを迷った場合は、「プレビュー」を活用すると便利です。[プレビュー]をクリックすると、選択した背景画像が自分にどう映るかどうか、会議の参加者に伝えない形で確かめて、適用するかどうかを決めることができます。

1 [その他]をクリックし、

2 [背景効果を適用する]をクリックします。

3 好みの背景を選択し、

4 [適用]をクリックすると、

5 背景効果が適用されます。

補足 **Togetherモード**

Teamsでのビデオ会議特有の機能として、参加者を同一の背景上に配置してくれる「Togetherモード」があります（https://techcommunity.microsoft.com/t5/microsoft-teams-blog/how-to-get-the-most-from-together-mode/ba-p/1509496）。オンライン上での集合写真をするときなどに、便利な機能です。

第 **8** 章

保護者と
コミュニケーションを取ろう

保護者とのコミュニケーションで利用するためには

▶ 学習者用アカウントを保護者が利用することへの懸念

学習者が小学生の場合、Teams for Educationを利用するために配布されるMicrosoft 365のアカウントの利用については、保護者が見守っていくことが前提となります。しかし、この学習者用のアカウントを、保護者がそのまま利用してしまうことは、アカウントを使いまわしてしまうことを意味してしまいます。マイクロソフト社の製品条項には、以下のような記述があります。

> ライセンスの割り当てと再割り当て
> お客様は、1つのライセンスに基づいて本ソフトウェアを使用する前に、そのライセンスを1台のデバイスまたは1人のユーザーに割り当てる必要があります。お客様は、ライセンスを別のデバイスまたはユーザーに再割り当てすることができますが、その同じライセンスを最後に再割り当てした日から90日以内に再割り当てすることはできません。(後略)

Microsoft「製品条項(Microsoft Product Terms)」より引用
https://www.microsoft.com/licensing/terms/ja-JP/welcome/welcomepage

このような利用規約は、アカウント発行時に必ず目を通す必要がありますが、どうしても読み飛ばしてしまいがちです。アカウントを使いまわすようなことを保護者がしてしまうと、情報教育やセキュリティ教育、情報倫理の観点からも、規約違反をしてもよいことを暗に学習者へ行動から教えてしまうことを意味してしまいます。

上記のような話になると、教師の立場としては複雑な話に発展しないように、保護者が学習者のTeamsの利用を見守ること自体も避けるよう伝えなくてはなりません。さらには、Teamsを利用することへも消極的になってしまいかねません。このままでは、今まで述べてきた学習のデジタル化は実現しないまま、世間からは「学校の常識は社会の非常識」などと捉えられてしまうこともあります。

保護者をゲストとして招待して、Teams for Educationで教師と連絡を取り合うという例は、日本の学校教育機関においては滅多にありません。こうした中、筆者はその環境が整った学校へ勤務する経験をしており、さまざまな実践知を集積することができました。

本章では、保護者が初めて自身でMicrosoftアカウントを取得することを想定して、勤務校で実際に説明した文書をもとにして、その発行方法を解説しています。Teamsを職場で日常的に活用している保護者も多くいらっしゃることが想定できます。保護者との連絡体制がTeamsで行えるような環境が整った際、ご参考にしていただければと思います。

▶ 保護者の立場から考えた「保護者チーム」の可能性と配慮

現職教員で保護者チームの活用に試行錯誤を重ねている筆者の立場では堂々といいづらいですが、保護者の立場に立つと「保護者チーム」があることには大きな可能性があるはずです。ただし、その可能性を保護者が享受するためには、教師としてはさまざまな配慮が必要になるといえます。

「保護者チーム」が導入されると、保護者と教師との距離感が大きく変わります。これまでであれば、教師が学習者を通して「学級通信」などの形で、学習の様子を文書で伝えていたものが、教師から直接保護者へ情報を伝えることができるようになります。

ただし、教師と保護者とが気軽に連絡できる体制が整って日常化すると、教師が過剰に保護者へ学校の様子を情報提供してしまうことが考えられます。これにより、日ごろの学習者に向けた教育活動が手薄になってしまったり、ほかの教師との差が激しくなりすぎてしまったりしてしまいます。その結果、保護者の過剰要求が増えてしまうことにもなりかねません。教師としては、保護者の方々へのお知らせの仕方や頻度には、試行錯誤を前提として工夫していくことが必要といえます。また、同学年に複数学級があれば、学級間での情報提供に著しく差異が出てしまうことも考えられ、情報提供が少ない学級の保護者が不信感を抱きかねません。よって、学年間で学級の保護者チームの情報共有をすることはもちろん、使用方針や運用状況について、節目節目において情報共有や意見交換をする必要もあるでしょう。

本章では、保護者チームにはこうした可能性と注意すべき点の両面があることを踏まえて、具体的な活用方法と注意すべきことを紹介していきます。

保護者チームの可能性については、配布物の電子化、欠席連絡、ビデオ会議の活用について、紹介していきます。他方、注意すべき点については、著作権や肖像権への配慮、返信への対応時間、相談関係は電話や面談にすること、を紹介していきます。

保護者チームに関する知見を集積して、このように情報発信できたことは、筆者自身が保護者の方々と Teams for Education をプラットフォームとして試行錯誤を重ねてきた結果としてあります。この場を借りて、お世話になった保護者の方々に感謝申し上げます。

「学校からのおたより」として、給食の献立表や学年だよりを保護者に共有しています。

宿泊学習の際には子どもたちの様子を撮影し、保護者が安心できるように定期的に写真を共有しました。

保護者にMicrosoftアカウントを発行してもらおう

ここで学ぶこと

・Microsoftアカウント
・ゲスト
・招待

ゲストアクセスが認められている組織の場合、保護者にMicrosoftアカウントを発行してもらうことで、チームに招待したりチャットでやり取りすることが可能となります。その発行手順の説明方法を紹介します。

① Microsoftアカウントの発行手順を説明する

⚠️ **注意**

事前にゲストアクセス許可の確認を

前述の通り、アカウントの発行元である管理者がゲストアクセスを許可していないと、本セクション以降で説明するゲスト招待は行うことができません。保護者へ説明する前に必ず、自身で取得したMicrosoftアカウントなどでゲストとして招待できるかどうかを試しておきましょう。許可がない場合は、管理職や自治体担当者へ問い合わせをしましょう。

💬 **解説**

操作説明は必要最小限に

スマートフォンの操作に不慣れな保護者を想定すると、Microsoftアカウントを取得するのは相当な負担になることが予想されます。しかし、そうした方に向けて丁寧に説明しようとして、配布資料が多くなったり細かくなったりしてしまうと、かえってモチベーションが下がってしまいかねません。保護者会のような人が集まるような場において、補助的に読んで教え合うなどし、必要最小限の操作説明に留められるとよいでしょう。

ここでは、筆者が勤務校ICT部会の鈴木秀樹教諭・佐藤牧子養護教諭と共に、新入生保護者へ説明するために実際に制作・配布した資料4ページの内容をもとに解説します。

1 保護者会などの場で、すぐスマートフォンなどでアカウント発行できるよう、QRコードつきで印刷しておきます（1ページ目）。

2 スマートフォンのスクリーンショット画面で、新しいメールアドレスの取得方法も含めた初期設定手順を示します（2ページ目）。

ヒント

QRコードの作成方法

ブラウザーのMicrosoft Edgeの場合、アドレスバーにQRコードのアイコンが表示されます。ここをクリックすることで、アクセスしているサイトURLのQRコードをダウンロードできます。

補足

ゲストアカウントのチームの招待方法

Formsで収集した保護者のマイクロソフトアカウントから、チームを招待する場合の方法は、103ページを参照してください。

注意

ゲストアカウントのプロフィール画像と名前は変更できない

ゲストアカウントでチームに参加すると、プロフィール画像や名前を自身で変更することができません。ただし、組織に初めてメンバーを追加する際に、「ゲスト情報を編集」として招待する人がそのアカウントの表示名を変更することができます。

---

3 発行したMicrosoftアカウントの収集のため、事前にForms（74〜77ページ参照）を作成してQRコードを掲載します（3ページ目）。

4 Teamsアプリのインストール・チームの招待メールと承認の方法を示し、チームに参加できるまでを説明します（4ページ目）。

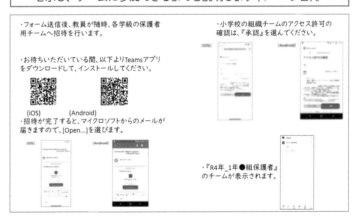

操作説明に加えて、アカウント取得に関わる目的やお願いについて、校長名義の文書を発行しました。自治体や学校の実態に応じて、以下のような説明をしましょう。

・学習者用アカウントとゲストアカウントの違い
・学習者用アカウントを保護者が利用することの注意点
　（アカウントと規約に関する説明）
・保護者チームの活用場面の紹介
・技術的な問い合わせをしたい場合の連絡先

Section 48 保護者チームを活用しよう

ここで学ぶこと

・電子配布
・欠席連絡
・ビデオ会議

保護者がゲストとしてチームに参加することで、学校とのコミュニケーションの幅も広がります。ここでは、配布物の電子化、欠席連絡、ビデオ会議の活用について紹介していきます。

1 文書や写真を配信する

補足

チャネル作成は必要最低限に

学習者を対象してTeamsを活用する場合であれば、チャネルを多く作成したとしても、教室で学習者どうしが教え合いをするなどすれば、混乱することは少ないと考えられます。しかし、保護者の場合、慣れていないと目的のチャネルを見つけられず、自力解決ができないなどといった事態が考えられます。導入初期は、通知が確実に届き、チャネルが必ず表示される「一般」に統一するとよいでしょう。

保護者チームが作成できると、これまで紙で配布していた文書も、データで送ることができます。それだけでなく、受取確認などを表すリアクションのスタンプを送信したり、質問などをコメントに残したりすることができます。

文書だけでなく、写真や動画も手軽に投稿することができるため、たとえば宿泊学習の様子をリアルタイムに共有することもできます。これまでであれば、学校のWebサイトなどに掲載することがありましたが、広く公開してしまうために写真を精選する必要があることや、更新したことの通知を送れないことなどの課題もありました。保護者チームがあれば、これらも解決することができます。

② チャットで欠席連絡を行う

**アカウント名を
設定していない場合**

事前にゲストのユーザー名を設定していない場合、ゲストアカウントを特定するのが困難になる場合があります。その際は、事前にチャットで「●●さま」などという各個人を特定するキーワードの送信記録を残しておくと、検索からその言葉でユーザーを特定できて便利です。

チャット機能が使える場合は、朝の欠席連絡をチャットで受けることなどができます。これにより、学校の電話対応をする必要がなくなります。朝の時間に学習者と接したり、朝の打ち合わせをしたりする時間を確保することができ、働き方改革の面でも大きなメリットが生まれます。

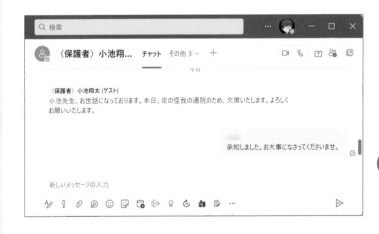

③ ビデオ会議機能で授業参観や懇談会をする

**学級をまたがって会議を
行う場合**

たとえば1学年3学級をまとめて学年での懇談会などで配信をする場合は、会議のリンクを取得して（58ページ参照）、各学級の保護者チームに共有する必要があります。

家庭事情などで来校できず、授業参観や懇談会への参加が難しい保護者の方がいる場合、ビデオ会議機能を利用しましょう。保護者とのチームでビデオ会議を開催し、授業などの様子を映すことで、オンラインでの授業参観が可能となります。ビデオ会議の参加に慣れていない保護者がいることを想定して、誤ってマイクのミュートを解除している場合は、開催者がミュート設定するなどしましょう（176ページ参照）。

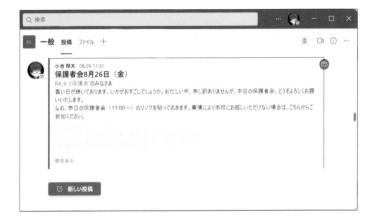

Section

49 | 保護者とのやり取りで注意すべきこと

ここで学ぶこと

・肖像権
・著作権
・コミュニケーション

教師にとって保護者とのやり取りについては、細心の配慮を行う必要があります。Teamsを活用することで、コミュニケーションの在り方も大きく変わります。その注意点について紹介していきます。

① 肖像権や著作権に配慮する

📝 補足

学校と肖像権

公益財団法人理想教育財団のWebサイトでは、学校と肖像権について以下のように説明しています。保護者に対する説明責任を果たすうえで、法律の観点でどのように肖像権を考えればよいか、理解する一助になります#。

> 一般の小・中・高等学校で問題となるのは、パブリシティ権ではなく、人格権としての肖像権です。肖像権は、著作権のように法律に定めのある権利ではなく、判例が認めた権利ですので、これまで出された判例を参照しなくてはなりません。しかし小・中・高等学校における肖像権の判例はないため、「人格権」の基礎にあるプライバシー保護の観点から、目的と手段の相当性について個別的に検討することが必要になります。

公益財団法人 理想教育財団「教育と法律【4】」より引用
https://www.riso-ef.or.jp/law_4.html

▶ 肖像権

従来の学校教育であれば、学校が発行する文書やWebサイトやブログにおいて、学習者が映った写真を掲載するということがありました。この場合、個人情報保護の観点から、学習者の名前が映り込まないことが大前提となり、そのうえで顔を映すか・映さないか、という方針が取られることが一般的でした。いずれの方針でも、あらかじめ校長名義で保護者への一括での承諾書を配布して、承諾可否の結果を踏まえて活用するということが考えられます。

Teams for Educationであれば、上記のような掲載と比較して公開範囲が制限されているものの、写真をダウンロードするなど、複製がしやすくなったともいえます。これらを事前に保護者へ説明したうえで、学校ごとの従来の承諾手続きなどを踏まえた形で活用できるとよいでしょう。教師にとっては、印刷配布したり全体公開されたりする場合よりも、確認や掲載などの作業負担が大幅に減ることが期待できます。だからこそ、保護者感でのトラブルなどに発展しないよう、あらかじめ説明責任を果たしていきましょう。

▶ 著作権

学習者を対象とした授業においても、「著作権法第35条」や「授業目的公衆送信補償金制度」に基づいて活用したり指導したりする必要性について取り上げてきました（88、91、148ページ参照）。

とくに2018年に改正され、2020年4月28日に施行された改正著作権法第35条の内容については、新型コロナウィルス禍によってとりまとめられた同運用指針（令和3(2021)年度版）には、保護者に向けた著作物の利用について、具体的な話とともに説明がなされているため、全教職員が理解したうえで、Teams for Educationを活用していく必要があります。

肖像権に関する同意書の作り方

肖像権に関する同意書の例は、Webサイトで検索を行うと各教育機関で公表されているものが多くあります。Teams for Educationを保護者と利用する場合も、従来の説明方法やほかの教育機関の例を参照しながら、学校の実態を踏まえて独自で説明を行っていくとよいでしょう。

改正著作権法第35条運用指針

令和3 (2021) 年度版の資料は、一般社団法人授業目的公衆送信補償金等管理協会（SARTRAS／サートラス）のWebサイトからダウンロードすることができます（https://sartras.or.jp/unyoshishin/）。ここでは、授業に関する利用範囲についてはもちろん、保護者会などでの著作物の利用についても詳しく解説されています。さらに、2021年11月9日には「初等中等教育における特別活動に関する追補版」も公表されています。今後、時代に応じて法律運用指針は変わるものと考えられるため、最新の情報を確認していきましょう。

⚠ 注意
児童の作品や作文などの著作物

学習者が日ごろの授業で制作する作品や作文などにも、著作権があります。Teamsへの投稿はもちろん、学校のWebサイトなどで写真を投稿する際にも、学習者に同意を得る必要があります。一括で著作権教育に関する重要な手立てとなり得ます。

具体的に保護者に対する「授業目的公衆送信補償金制度」の利用にあたって、同制度の運用組織である一般社団法人授業目的公衆送信補償金等管理協会（SARTRAS／サートラス）のWebサイトには、以下のようなFAQがあります。

> 2．著作物の利用について
> 【Q】定期的に家庭向けに作成・配付している「学校便り」に新聞記事や歌詞などの著作物を利用して、メールで在校生の保護者に送信する場合は権利者の許諾が必要ですか。
> 【A】必要です。この制度の対象となるのは、学校その他の教育機関が授業の過程で行う利用ですので、「学校便り」への著作物利用は対象外です。

一般社団法人 授業目的公衆送信補償金等管理協会「補償金制度利用に関するFAQ」より引用
https://sartras.or.jp/faqs/

以上のような著作物の利用に関して、教師が考えるべきは、自分の行動が「著作権者の利益を不当に害する」かどうかということです。とくに新型コロナウイルス禍においては、保護者へオンラインで学校行事を配信するといった例も増えました。筆者の勤務校では、保護者へ運動会のライブ配信をする際、文書で以下のような説明を行いました（一部引用）。

> （1）本配信は「授業目的公衆送信補償金制度（SARTRAS）」を踏まえて、以下2点を留意して行います。
>
> ①東京学芸大学が同制度に加入して補償金を支払うことにより、インターネット配信を行います。これによって、団体演技で利用する楽曲等も、インターネットで配信を行います。
> ②改正著作権法第35条第1項「その必要と認められる限度」において行うことが求められていることから、以下の2点について配慮を行います。
> 　○教員、児童、保護者といった必要な範囲に限定する。
> 　○リアルタイムでのストリーミング配信の手法で行う。
>
> （2）上記制度を踏まえ、保護者の皆様におかれましては、ライブ配信の内容をダウンロードして拡散すること等がないよう、お願い申し上げます。

保護者チームができると、そうした情報支援の可能性は広がっていきます。せっかく用意できた環境を活かして、保護者の方々へ還元していけるよう、私たち教師も著作者へのリスペクトの精神を持ちながら学び続けていきましょう。

② 返信対応できる時間をあらかじめ伝える

ヒント

ステータスメッセージの活用

ステータスの設定の横にある［ステータスメッセージを設定］をクリックすると、280字以内で自分の状態をほかのユーザーへ示すことができます。こうした機能は、ほかのSNSにも搭載されているため、学習者が自発的に利用することも考えられます。しかし、いたずらのように使用される場合もあるため、本来の目的を学習者にも伝えることが大切です。

保護者だけでなく学習者に対しても共通することですが、Teamsを通して教師が連絡できる時間帯には制限があるということをあらかじめ明示して、繰り返し伝えていく必要があります。Teamsには、「ステータス」という自分の状況を他者に伝えるための機能があります。ほかの校務をする必要がありながらも、連絡を取ることが難しい場合は、このようなステータスを活用するのも1つの方法です。なお、ビデオ会議中には、このステータスは自動的に「通話中」に変わります。

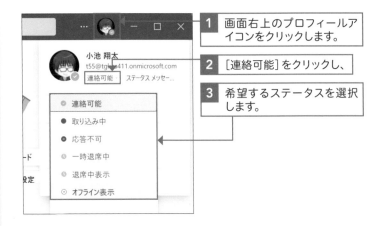

1 画面右上のプロフィールアイコンをクリックします。

2 ［連絡可能］をクリックし、

3 希望するステータスを選択します。

③ 相談関係は電話か面談にする

補足

保護者間の連絡手段として使う

本書では取り上げませんでしたが、保護者間でコミュニケーションを取るために、Teams for Educationを活用するのも1つの手段です。これまでは、私的に利用しているSNSなどでコミュニケーションを取ることが一般的でした。学校として公的な活動をする場合は、Teamsで切り分けることが保護者にとって便利ということも考えられます。他方、PTA活動の過剰負担が、近年社会的な問題として取り上げられることもあります。Teamsの導入によって、その負担がさらに増大してしまうことは避けるべきことです。保護者間の連絡手段をデジタル化するにあたって、実態を踏まえて学校としてできることを考えていきましょう。

Teamsでオンライン上でも教師と保護者がコミュニケーションできるようになると、保護者が抱える相談を教師へチャットで気軽に送ることが考えられます。こうした保護者のサインから、問題について早期発見・早期対応できることは、リスクマネジメントの観点からは非常に重要です。しかし、チャットでのやり取りが続いてしまい、先のような時間制限はもちろんのこと、コミュニケーションのすれ違いが発生してトラブルに発展することも考えられます。

チャットの利用は欠席連絡に留めて、教育相談関係についてはチャットですべて対応しようとせずに、電話や直接会っての面談を打診することがよいでしょう。Teams for Educationが保護者とのコミュニケーションの道具として機能するための知見は、今後も蓄積していく必要があるといえます。

第 **9** 章

Teams for Educationの
管理者の心得を学ぼう

Teams for Educationの管理者の心得を学ぼう

▶ 管理者の校内の活用推進のコツ

筆者はこれまで「情報部会」「ICT部会」などの校務分掌に所属して、ICT機器の管理者となる機会が多くありました。その試行錯誤を通して得られた成果は、勤務校のICT部会のメンバーでの共著『ICT主任になったら読む本』（明治図書、2022年）としてまとめることができました。

本章においても、同著で執筆した内容を、Teams for Educationの管理者という観点で大幅に加筆する形で取り上げています。ICT主任という仕事は、どうしても便利屋のような扱いを受けてしまいがちです。コロナ禍によるオンライン授業の対応や、GIGAスクール構想による1人1台端末の導入によって、激務が降りかかった校務分掌でもあります。こうした大変な状況の中でも、校内でICTの活用を推進するための実践知を集積することができました。

これまで自分たちが学校で受けてこなかった教育を、自分たちが教師の立場で行っていくことには、相応の大変さがあります。その教育観の変容には、過去の自分が大切にしてきたものが否定されるような、痛みの伴うものもあるかもしれません。本書でも、そうした教育観の変容が求められることについて、具体的な操作方法や筆者の実践経験から主張していきましたが、まさに「言うは易く行なうは難し」です。

管理者として求められる心得は、何よりも先生たちに寄り添うような、奉仕精神である「サーバントリーダーシップ」を発揮することです。本章では、まずこの具体的な方策について考えていきます。

身近な先生1人の教育観の変容を促すことで、Teams for Educationの日常活用が進んでいけば、その背後にいる学習者約30名は貴重な経験を行うことができて、力も身につくはずです。教員の意識改革を促す必要がある今、管理者自身もその意識改革に努めていきましょう。

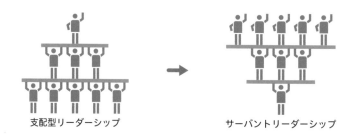

支配型リーダーシップ　→　サーバントリーダーシップ

▶ 面倒な年次更新管理も学習者にとっては大きなイベント

年次更新管理は、担当者目線だと一見面倒な業務のように感じられます。しかし、Teams for Educationが日常生活に位置づいたとき、学習者目線で考えると非常に名残惜しいと考えるかもしれません。その象徴となる例として、筆者が2020年3月の一斉休業で経験したエピソードが挙げられます。

当時は、学習者にとって年度末で急に自宅にいなければならなくなり、友達と教室で会って他愛もない話をする日常が奪われてしまいました。こうした状況になる以前に、Teamsを急ピッチで導入することができました。とくに小学校卒業を間近にしていた学習者にとっては、Teamsがあることによって、友達とつながり合えることができたことは、本当に貴重なことだったようです。そのような中、Teamsを使うことを止めることは、学習者にとって寂しい思いをすることなのだと考えました。

そこで、卒業式前日を「Teams卒業式」という名前にし、Teams上で自由に交流しながら振り返りができるような場を設けました。この日、Teamsの利用が終了となる時間に、管理者としては感動的な経験をすることができました。「Teamsがそろそろ終わってしまう……」「Teamsありがとう」という学習者の言葉が、たくさん並んだのです。明日、友達と久しぶりに対面で会うことができるはずなのに、このようにTeamsへの感謝の言葉が並んだことは、学習者たちにとって心と心がつながり合えるツールとして機能したのだと痛感しました。

年次更新管理も、卒業を後にする卒業生や、進級をする学習者の成長を感じながら、教室を掃除するような感覚で、オンライン上でも学習者を想って取り組めるようにしていきましょう。その効率的な方法と対策について、本章で具体的に紹介していきます。

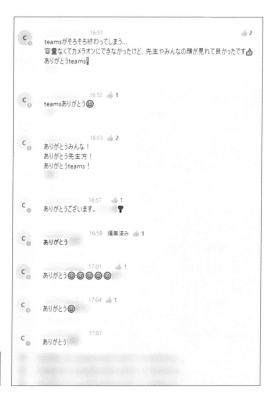

卒業式前日のチャット退出間近に、Teamsへ別れを告げている様子です。

9

Teams for Education の管理者の心得を学ぼう

195

Section

50 | 教員の意識を改革しよう

ここで学ぶこと

・奉仕精神
・働き方改革
・トラブル事例

Teams for Educationを学校生活で日常的に活用した教育を行うためには、自分自身も含めた教員の意識改革も重要です。ここでは、ICT主任などの立場を想定し、その改革を促す際のポイントを紹介します。

① 奉仕精神で全校の活用を促していく

🔍 重要用語

サーバントリーダーシップ

NPO法人日本サーバント・リーダーシップ協会は、『「リーダーである人は、まず相手に奉仕し、その後相手を導くものである」というリーダーシップ哲学です』と説明しています。また『サーバントリーダーは、奉仕や支援を通じて、周囲から信頼を得て、主体的に協力してもらえる状況を作り出します』とも補足しています。この概念は、アメリカの研究者であるロバート・グリーンリーフ（1904～1990）が、1970年に提唱したといわれています。

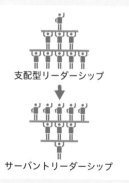

支配型リーダーシップ

サーバントリーダーシップ

NPO法人 日本サーバント・リーダーシップ協会「サーバントリーダーシップとは」をもとに作成
https://www.servantleader.jp/about

学校でTeams for Educationの管理者をする教員は、必然的に全校のICT活用を推進する立場を担う「ICT主任」「視聴覚主任」などの役職に就くことになると考えられます。このとき、同僚へ都度指示を出して引っ張るようなトップダウン型のリーダーシップだと、上手に推進できない可能性が考えられます。そもそもTeams for Educationを活用した教育を、現代の教職員は受けたことがありません。さらにICT活用以外にも多くの業務があります。こうした現状を踏まえて、どのように同僚へのリーダーシップを発揮すればよいか、戦略を立てていく必要があります。

筆者は、奉仕精神である「サーバントリーダーシップ」を発揮して、全校の活用を促していくことが教員の意識を改革するうえでの、大きなポイントになると考えています。少しでもICTの活用に興味を持った同僚がいた場合には、極力その要望に応えていきます。

以下は、Teamsのチャットを通して、同僚からTeamsの活用に関する質問を受けて回答したときの例です。職員室があっても、複数の連絡・相談方法があるだけでも、同僚が安心してTeamsを活用する可能性が高くなると考えられます。

操作に関する質問に対し、スクリーンショットに手描きをして、その人のためにわかりやすく、すぐに伝えました。

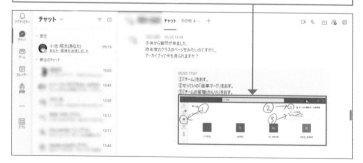

② 教員が試行錯誤できる場を設ける

 注意

ICT主任の仕事ペースの つかみづらさ

ICT主任は、突然話が入ってくる予算や機器の故障、活用に困った同僚など、周囲のペースによって仕事量が左右されます。だからこそ、こうした試行錯誤ができる場があることで、ICT主任がサポートするための仕事量も軽減されることが期待できます。

 補足

自立的にTeamsを 活用するという意識

右の画面は、この教員のみが所属しているチームで、ある教員がOneNoteやFormsをタブで追加する方法を試していることがわかると思います。学習者への授業において失敗を前提に試行錯誤することは、教師にとっては極力避けたいはずです。こうした場で積極的に試してもらうようにすることで、ICT主任が何でも力を尽くすのではなく、自立的に教員がTeamsを活用しようという意識になることが期待できます。

ICT主任がサーバントリーダーシップを発揮する際、その理念を明確にして、十分に工夫をしていかないと、同僚の意識改革までは至りません。「サーバント」という言葉を表層的に捉えてしまい、何でも同僚に尽くしてしまうと、ICT主任が「便利屋」に陥ってしまいます。そして自分自身の体調を崩してしまいかねません。やがて同僚が自立して活用できるようにするためには、教員が試行錯誤できる場を設ける必要があります。

以下は、筆者の勤務校で学年担任のみがメンバーとなっているチームを設けている例です。学年どうしの連絡体制は、基本的に対面で行えば十分ですが、ファイル管理などを行う場合に、このチームを活用するようにしています。

> 授業前、学習者のチームでタブを追加する方法を担任チームで試しています。

 ヒント　「学年1人ICT担当」のススメ

筆者のかつての勤務校や現在の勤務校では、毎年度学年に1人ICT担当の教員が決められる学校体制を取っていました。これにより、学年でのICT活用推進を、該当教員が仕事として行うということになりました。ICT主任が全校のICT環境の管理運用や、教職員の対応をすると、あまりにも膨大な仕事量を抱えることになります。現在の学校では、校務分掌として「情報部」が位置づけられており、部員間で情報交換や緊急での連絡をするためにチームも作成しています。筆者は同部の主任として、各学年の情報部員に支えていただいていると、日々実感しています。

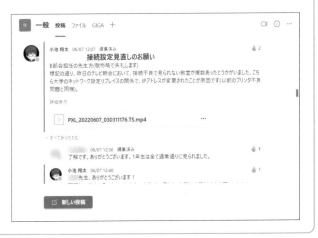

③ 活用を前提としたうえでトラブル事例を共有する

活用やトラブルの最新事例の集め方

ICT主任の立場となると、活用事例やトラブル事例の最新情報を把握することも、教員の意識を改革する際の材料集めとして重要となります。筆者はプライベートで使用しているTwitterを通して、各種情報を集めることが多いです。公私を切り分けることが難しい領域ですが、自分の時間で新聞を読んで社会状況を学ぶことと同様、情報収集用の匿名のアカウントなどを用いて知ることも1つです。ICTに関わる情報として、筆者は以下のようなメディアのTwitterアカウントをフォローしています。

- 教育新聞
  @kyoiku_shimbun
- 日本教育新聞
  @nikkyoweb
- 教育家庭新聞
  @kyoikukatei
- 教育ICTニュースサイト
  「こどもとIT」
  @EdTech_for_Kids
- ICT教育ニュース
  @ICTEnews
- EdTechZine（エドテックジン）
  @edtechzine
- ReseEd リシード
  ／教育機関向け情報メディア
  @ed_rese
- 東洋経済education × ICT
  @Toyokeizai_Edu

1人1台端末の活用におけるトラブル事例は、メディアでも大きく取り上げられることがあります。またGIGAスクール構想という新たな教育政策が始まって以降、多くの学校で日常的にトラブルは発生しています。

1人1台端末を活用した教育に消極的な教員は、こうしたトラブルが何となく不安で使わない、ということが考えられます。これに対して、積極的な教員はトラブルを恐れずに「やってみよう」と一方的に進めることが考えられます。

筆者としては、いずれの立場の教員であっても、極端な思想に陥ってしまわないように留意する必要があると考えます。まず、消極的な教員には、最新のトラブル事例を知って「正しく恐れる」知識を身につけてもらう必要があります。そして積極的な教員にも、トラブル事例やリスクを伝える必要があります。

そこで筆者は、職員会議の報告資料において、ICTの積極的な活用を前提とした情報も共有しつつも、トラブル事例もセットで共有するようにしています。活用を前提としたうえで、最新のトラブル事例を共有することが大切です。

> タブレットPC毀損状況を数値化して報告するとともに、その予防策についても教職員に共有しています。

> 自分の学校で導入しているICTツールの活用に関する最新記事を共有しています。

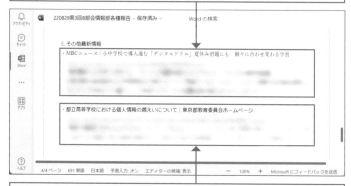

> 活用に関する最新情報に加える形で、トラブル事例に関する最新記事を共有しました。

ヒント

ファイルの「バージョン履歴」機能

WordやPowerPointなどのファイルの共同編集をしている中で発生したトラブルについては、「バージョン履歴」という機能を活用することで、証拠を確認したり解決したりすることが期待できます。

Teams for Educationを活用する中で、機器操作に関わるトラブルだけでなく、説明責任が求められるようなトラブルが発生することが考えられます。学習者と教師とのそれぞれの立場で考えると、以下のような事例が挙げられます。

学習者

・チャットや共同編集機能、ステータスメッセージなどを使った、不適切な書き込み
・アカウントのなりすまし
・夜遅い時間の投稿などの使いすぎ　　　　　　　　　　　　　　　　など

教師

・個人情報を含むファイルの共有権限を公開設定にして、情報が漏えいした
・著作権で保護されている内容が含まれたファイルを公開設定にして、公開してしまった　　　　　　　　　　　　　　　　　　　　　　など

こうした大きなトラブルが発生した場合でも、Teams for Education の機能の特性上、証拠は残りやすいといえます。とくにICT主任は、大きなトラブル発生時の初期対応の方法を知っておくことが重要です。「穏便に済ませよう」と考えてしまうと、問題がかえって深刻化してしまう可能性もあります。初期対応時は、発生時刻や対応時刻を明確にできるようにしておく必要があります。

20XX年A月B日（Y曜日）　　　　　　　　文責：情報主任●● ●●

A月C日16時00分頃：M教諭が校務パソコンで成績処理をしている中、同パソコンでサインインしているTeamsのチーム「6年2組」の「一般」チャネルのフォルダーに、成績つきのExcelファイルをアップロードしてしまう。M教諭は所用で退勤を急いでいたため、同ファイルを自宅でもアクセスして仕事を続けることを意図していた。

A月D日8時30分頃：6年2組の児童Nが、朝学習でファイルを開いた際、上記チャネルのフォルダーにExcelファイルがあることを確認。不信に思ってアクセスしたところ、その内容に驚いて、周囲にいる児童5名に見せる。……（以下略）……

補足

情報漏えい発生時の対応ポイント

情報処理推進機構（IPA）は、『情報漏えい発生時の対応ポイント集』をまとめています（https://www.ipa.go.jp/security/awareness/johorouei/）。こうした情報から、詳しくトラブル発生時の対応を理解しておくことも重要です。

このように、問題が発生した前後の証拠をなるべく早く正確に記述し、記録に残せるようにしましょう。初期対応の速さが、二次被害や再発を防止することにつながります。こうした問題が起きないことが理想であることはいうまでもありません。しかし、教員の意識改革を促すためには、ICT主任がリスクマネジメントに関する意識改革を行い、行動に移せるようになっておくことが重要であるといえます。

Section 51 校内研修を改革しよう

ここで学ぶこと

・職員会議
・ICT支援員
・オンライン型研修

学習者の日常生活にTeams for Educationが導入された今、校内研修においてもオンラインを日常的に活用することを前提とする必要があるはずです。校内研修も改革が求められている今、その方法を紹介します。

① 職員会議の報告資料を研修として位置づける

🔍 重要用語

教育データ利活用

2022年1月、デジタル庁・総務庁・文部科学省は、「教育データ利活用ロードマップ」を策定しました（https://www.digital.go.jp/news/a5F_DVWd/）。同資料では、校内の学習履歴をはじめさまざまな教育データを利活用することで、教育改善などを進めていくことが記されています。Teams for Educationに関する教育データの利活用にあたっては、「Insights（インサイツ）」という機能があります（128～130ページ参照）。

⚠️ 注意

教育データの示し方

学級ごとでICTに関する利活用状況をデータで可視化させてしまうと、該当学級の教員の課題を必要以上に晒してしまいかねません。そのような資料を作成してしまうと、該当の教員を励ますことなどから逆行してしまいます。学年で可視化させるなど、教育データの示し方には一定の配慮が必要といえます。

各学校の校務分掌において「情報部（主任）」「視聴覚部（主任）」の担当になった教員が、校内研修の企画や運営に関わることがあると考えられます。このとき、特定の研修日に向けて、入念に研修の準備をして自分自身が講師をしても、費用対効果がそこまで高くないと筆者は考えます。もちろん、そうした校内研修において「ハンズオン」といわれるようなICTを体験的に学ぶ機会を設けることも、一定の効果はあるはずです。しかし、入念に準備をすればするほど、ICTに不慣れな教員は「校内研修の機会がないと、私は使えるようにならない」「ICTは校内研修で立派に講師をしてくれるA先生にお任せすればよい」などと考えてしまって、研修が逆効果になってしまいかねません。そうなれば、せっかく準備をして企画しても、担当としては徒労に終わってしまいます。

そこで、校内研修を改革する1つのポイントとなるのが、定例的に行われている職員会議の機会です。こうした会議の報告資料を活用することで、日常的な研修として位置づけることも可能となるはずです。198ページでも取り上げたように、筆者は職員会議の報告資料において、ICTの積極的な活用を前提とした情報を共有しています。ここに、ICTの活用状況を示したり、価値づけをしたり、活用のヒントを伝えたりすることで、研修で目的としているような教員の知識と意識の底上げが期待できます。

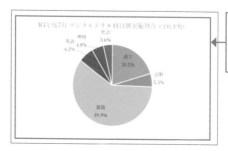

活用状況を具体的な数値でわかりやすく示すことで、説得力が増すと考えられます。

② ICT支援員と連携してインフォーマルな学びを進める

⚠️ 注意

ICT支援員の業務契約

ICT支援員の業務契約は、一般的に各自治体が行っています。たとえICT支援員が教員免許を持っていたとしても、授業を丸ごと行うことはできません。ICT支援員との積極的な連携を行うにあたって、全教職員に周知していく必要があります。

各学校に派遣されているICT支援員と連携することで、校内研修で目的とするようなスキル向上を進めていくこともできるといえます。ここで、筆者が経験したエピソードを紹介します。

あるベテランのA教員は、ICTの活用に苦手意識を持っていました。また完璧主義的な思考もありました。よって、授業でTeams for Educationを活用することは、やってみたいという気持ちはある一方で、絶対に失敗したくないという気持ちがあるように見受けられました。

そこでICT支援員として派遣されているB支援員は、職員室で懇切丁寧に個別の質問に答えていました。一見すると、特定の教員がICT支援員を独占しているように見えました。情報主任を務めている自分としては、職員室でつきっ切りで支援されているA教員とB支援員の関係は、あまりよい雰囲気ではないと感じていました。しかし、ベテランのA教員もB支援員もプロフェッショナルでもいらっしゃることから、お二人で連携して確実に成果を挙げていました。それは、A教員がTeams for Educationの課題機能（114～119ページ参照）を、授業で活用している姿を目の当たりにしたからです。

もし、筆者自身が校内研修でTeamsの課題機能をハンズオン形式で講義をしても、A教員が授業で使うというところまでは至らなかったと思います。ICT支援員のB支援員が、個別でインフォーマルな学びを進めてくれたからこそ、A教員の活用する姿が見られたのだと確信しています。

以上のようなエピソードは、どの地域でもすぐに真似できることではないかもしれません。しかし、ICT主任として校内研修を企画する立場になった場合、その目的はその研修のみで達成しようと思い込まないことが大切です。ICT支援員と連携しながら、その目的は達成できるかもしれません。そうしたインフォーマルな学習の場をデザインして、その姿を見取って価値づけていけるようにしていきましょう。

💡 ヒント　ICT支援員ともTeamsでつながる

自治体や契約内容によっては難しいかもしれませんが、ICT支援員ともTeamsでつながることができるように、アカウントを発行できると理想的です。これも筆者の経験談となりますが、ICT支援員の方に授業でサポートをしていただくことに加えて、研究などの関係で授業写真の撮影もお願いしたことがあります。このような場合、Teamsのアカウントがあればファイルのやり取りを容易に行うことができます。さらに、細かな業務連絡や備忘のために、チャットを活用することで、連携を深めることもできています。

③ 困り事への解決策や機器の活用法を ICT でこまめに共有する

🔍 **重要用語**

ヒドゥン・カリキュラム（隠れたカリキュラム）

文部科学省『人権教育の指導方法等の在り方について［第三次とりまとめ］』においては、「教育する側が意図する、しないに関わらず、学校生活を営む中で、児童生徒自らが学びとっていく全ての事柄を指すもの」と説明されています。一般的に教師が学習者に対して使われる用語として扱われますが、ICTに関する教員研修の文脈においても、重要な考え方となっていきます。同資料では、具体的に以下のように説明されています。

> 「いじめ」を許さない態度を身に付けるためには、「いじめはよくない」という知的理解だけでは不十分である。実際に、「いじめ」を許さない雰囲気が浸透する学校・学級で生活することを通じて、児童生徒ははじめて「いじめ」を許さない人権感覚を身に付けることができるのである。

これをICTに関する教員研修の文脈で考えれば、以下のように言い換えられるかもしれません。

> ICTを日常的に活用する態度を身につけるためには、「ICTを体験すれば自分にもできる」という研修だけでは不十分である。実際に、「ICTを日常的に活用する」雰囲気が浸透する学校で仕事をすることを通じて、教師は初めて「日常的にICTを活用しよう」という感覚を身につけることができるのである。

これまでも述べてきたように、Teams for Education はもちろんのこと、OSや各種アプリケーションは日々アップデートされており、その頻度は高くなってきています。こうした現在において、学習者に求めていることと同様、教師も学び続けていく必要があります。

操作技術については、特定の研修の時間に集中して学ぶよりも、その勘所をつかんだり、惑わされない心構えを持ったりすることが求められるはずです。

筆者はこれまでICT主任として、同僚のTeams操作に関する困り事に対応した場合は、必ず全教職員にTips（小ネタ）の感覚でこまめに共有していました。当時、Teamsの活用が教職員に十分普及していなかった段階であったため、全員が日ごろ使っていたメーリングリストで周知しました。

オンライン会議で退出させ合う問題（176ページ参照）への解決策を、研修の一環として小まめに共有しました。

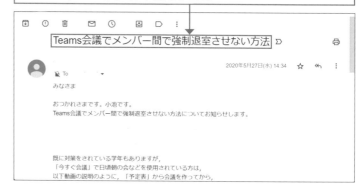

困り事以外にも、新しく購入した備品の使い方も、こまめに共有するようにしていました。現代の学習者たちがYouTubeで学習をしていることを踏まえて、教師もYouTubeの解説動画を参考に学んでほしいと考えて、参考となるURLも共有するなどしました。

新しい備品の使い方も、研修という機会を設定するのではなく、小ネタのような形で情報共有しました。

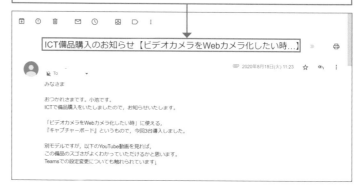

④ オンライン型の研修会を企画する

 補足

第三者の講師だから話せること

オンライン型の研修を企画するとなると、外部講師との日程や内容の打ち合わせ、謝金の調整などさまざまな業務を行う必要が発生します。しかし、自前で校内研修を企画するよりも、第三者の講師だからこそ話せることもあるはずです。1人1台端末を活用した学習を行えるように、教育観の変容を促すためには、同僚の話を聞くよりも外部講師の話を聞くほうが、その期待値が高まるかもしれません。

コロナ禍が落ち着いた社会状況になっても、オンライン型の校内研修には大きな可能性があるはずです。筆者自身の経験として、対面型で教員研修が行えるような状況にあっても、遠方の学校の校内研修で講師を務めた経験が複数あります。

このとき、可能であれば参加者全員が1人1台端末を用意して、講師と同じ会議ルームに参加してもらって、随時チャットを送れるような環境を整えられるとよいでしょう。こうすることで、日常生活でTeams for EducationをはじめとしたICTを活用することの意義も見出すことが期待できます。

筆者がかつて校内研究の講師を務めた際は、話をしている途中でもチャットを積極的に送ってほしいといいました。こうすることで、オンラインであっても講師との距離感が一気に縮まります。さらに臨機応変な対応ができるような研修内容であれば、その場でラジオDJのような感覚で即興で回答することで学びを深めるようなこともできるかもしれません。子どもの学習環境のデザインが見直されている今、こうした大人の学習環境のデザインも積極的に見直して実行に移せるとよいでしょう。

外部講師の講演中、適宜質問をチャットで送ってもらいました。

💡 **ヒント** **ICT初学者の方への研修での伝え方**

筆者が校内研修でTeamsの活用に関する講師を行う際、まとめとして右下のような資料を提示しています。たとえばTeamsのことは、メッセージアプリ「LINE」とほぼ一緒、という伝え方をしています。総務省「令和3年度情報通信メディアの利用時間と情報行動に関する調査報告書」によれば、全世代のLINE利用率は92.5%という結果があります。ICT初学者の教職員であっても、LINEを日常的に活用している方は多いはずです。Teamsもそのように「カン」をつかんで活用していくことが大切、と伝えるようにしています。

本日お伝えしたかったこと

1. 新機能を活用する「カン」をつかんでいきましょう
- ■「ほぼLINEと一緒」…使いながら慣れていく感覚をつかみましょう。
- ■最近のアプリは説明書が無いですし、バージョンアップが前提です。

2.「ICT」の「C(コミュニケーション)」を意識しましょう
- ■初めの「やらかし期」を乗り越えれば、日常の文具になり得るはず。
- ■トラブルの経験も含めて「学び」であると捉えましょう。
- ■1人1台が「発言機会の保障」につながります。

ここで学ぶこと

・年次更新
・チームの管理
・アーカイブ

年次更新をする場合、学校においては、卒業生にファイルのバックアップ（保管）を作らせたり、チームをアーカイブしたりすると、翌年度スムーズに活用できます。ここでは、そのノウハウを紹介します。

① 卒業生に必要なファイルのダウンロードを依頼する

⚠ 注意

ファイルの保存方法

Teams for Educationを端末と紐づけて利用しているイメージが強い学習者または保護者であると、1人1台端末に持ち込みのUSBメモリーを使って保存する方法を考えがちです。しかし、USBメモリーを使用することで、データの流出やウィルスの感染など、リスクも高まってしまいかねません。学習者が自宅で所有している端末で、自治体などから配布されたアカウントでサインインして、ファイルをダウンロードすることが理想的な方法として考えられます。もちろん、こうした方法には、各自治体のセキュリティポリシーなどにもかかわるため、状況によって最適な方法を検討することが重要です。

一般的に卒業する学習者が卒業以降でTeamsにアクセスできないようにするため、自治体などがMicrosoft 365アカウントを削除することになります。このとき、TeamsやOneDriveなどに保存したファイルなどのうち、必要なものはあらかじめ自宅でバックアップ（保管）をしておくよう、周知しなければなりません。年度末直前は、学校全体が慌ただしくなるために、余裕を持って伝えておくとよいでしょう。ただし、ファイルのダウンロードの際には、著作権に留意する必要があります。具体的には「授業目的公衆送信補償金制度」（149ページ参照）のもとで、ファイルの中で著作物を利用してきた場合は、留意が必要であるといえます。授業を通して取り扱った著作物について、何でもダウンロードしてしまうと、改正著作権法第35条の条文「著作権者の利益を不当に害する」に抵触する可能性も有り得ます。同法の運用指針において、そのような具体例は記述されていませんが、卒業生への著作権教育の一環として、あわせて周知することも重要だと考えられます。

多くの学校では、年次更新においてGIGAスクール構想の端末返却やリフレッシュなど、ハードウェアの面での対応に追われることが考えられます。学習者にとって大切な学びのあゆみを、かんたんに削除してしまわないように伝えていくことも、教師としては重要ではないでしょうか。

② チームをアーカイブする

**過去のチームへ誤投稿する
トラブルの防止**

前年度までのチームをアーカイブしない
ままに残してしまっていると、誤って投
稿してしまう学習者がいることが考えら
れます。ここからトラブルに発展してし
まう可能性があります。また、年度が替
わった担任の目線からすると、前年度ま
でのコミュニケーションを続けずに、気
持ちを新たに切り替えてほしいという気
持ちもあるはずです。かといって、チー
ムを削除してしまうのは、学習記録も消
してしまうことを意味してしまい、非常
にもったいないです。以上のことから、
「アーカイブ」を活用することで、さまざ
まなリスクを回避して、過去の記録を残
すというメリットも生まれることになり
ます。

コンピューター用語としての「アーカイブ」とは、古くなった情報を
まとめて保存する、といった意味があります。Teamsにおける「アー
カイブ」とは、以下のように「読み取り専用」にすることを意味します。

・チームを一覧に表示しないようにする
（設定をして表示できるようにすることも可能）
・メンバーが新しい投稿をできないようにする
（過去のファイルの閲覧やダウンロードは可能）

メンバーの登録は残すことができるので、卒業してすぐのときや年次
更新をするときに、アーカイブをしておくと非常に便利です。これに
より、新年度になった場合でも、学習者はもちろん教師も、前年度ま
でのTeamsの活用状況を把握することが可能となります。アーカイ
ブをするための操作方法は、以下の通りです。

1 ［チーム］をクリックします。　　**2** ⚙ をクリックし、

3 ［チームの管理］をクリックします。

4 アーカイブしたいチームの … をクリックし、

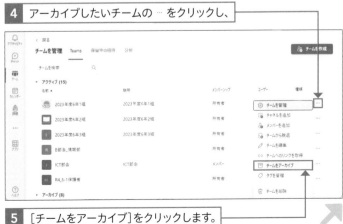

5 ［チームをアーカイブ］をクリックします。

補足

アーカイブ済みのチームでの スタンプ

アーカイブしたチームでは新しい投稿は もちろん、投稿されたものへのスタンプ (「いいね！」など)もすることができませ ん。スタンプを送信しようとすると、「現 時点では、このメッセージにリアクショ ンできませんでした。後でもう一度お試 しください」と表示されます。

 補足

アーカイブしたチームを もう一度見たいとき

アーカイブしたチームは、一覧から表示 されなくなってしまうために、学習者は もちろん教師も「もう一度過去のチーム を見たい」と思っても、見つけられない ということが想定できます。チームを確 認するには、「チームの管理」から操作し ましょう(205ページ)。

 補足

アーカイブしたチームを もとに戻す

アーカイブしたチームをもう一度投稿で きるようにしたい場合は、手順 8 の画面 で … →[チームを復元]の順にクリック し、チームの表示をもとに戻します。

---

6 SharePoint (チーム内に保存してきたファイル) も読み取り専用に して編集できないようにする場合は、「SharePoint サイトをチー ムメンバーに対して読み取り専用にする」にチェックを入れます。

7 ［アーカイブ］をクリックします。

8 「アーカイブ」の一覧に、設定したチームがあることが確認できま す。

9 設定確認のために、チームをクリックします。

10 アーカイブ済みで、新しい投稿ができないことが確認できました。

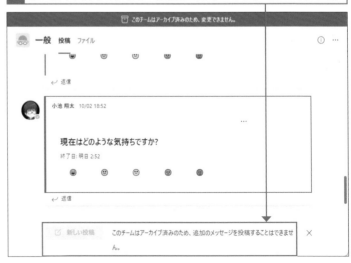

付録1

Teams管理センターの使い方

01 Teams管理センターの使い方①〜ダッシュボード

ここで学ぶこと

- Teams管理センター
- ダッシュボード
- 利用状況

技術管理担当者がTeams管理センターを活用することで、組織内のユーザーのTeams for Educationの利用環境を一斉に変更することができます。まずはTeams管理センターの使い方をつかむために、概要を紹介します。

1 Teams管理センターの概要とダッシュボード

✏️ 補足

ダッシュボードのカード表示の変更

ダッシュボードに表示されている1つ1つのカードは、ドラッグ&ドロップで配置を変更することができます。

✏️ 補足

カード「Teamsユーザーの利用状況」

本書ではプライバシー保護の観点から掲載はしておりませんが、「Teamsユーザーの利用状況」のカードには、組織内の「チャネルメッセージ」「チャットメッセージ」「投稿」などの種類ごとの件数について、「過去7日間」「過去30日間」など期間を指定して、折れ線グラフで表示することができます。

「Microsoft Teams管理センター」（以下Teams管理センター）は、公立学校の場合は自治体の技術管理担当者、私立学校や国立大学附属校の場合は情報センターなどの技術管理担当者が、利用できる専門的なツールです。教職員アカウントであっても、一般的に利用する権限は割り振られていません。関連して、Microsoft 365アカウントを発行したりライセンスを付与したりするための「Microsoft 365管理センター」もあります。本付録では、Teams for Educationに直接関わる管理設定について、その使い方を紹介していきます。

管理権限が付与されたアカウントで以下のTeams管理センターにサインインすると、「ダッシュボード」が表示されます（https://admin.teams.microsoft.com/）。ここでは、最新の機能の紹介や、ポリシーの設定、組織内のユーザーの利用状況などが確認できます。

▶ Teams管理センターの主な画面構成（ダッシュボードの一例）

各種設定のメニューボタン　　　新機能に関する情報

ポリシーの設定に関する情報　　　管理者やTeams活用を深めるトレーニング情報

Appendix
02 | Teams管理センターの使い方②
〜ポリシーの管理

ここで学ぶこと

・ポリシー
・メッセージング
　ポリシー
・ポリシーパッケージ

Teams管理センターで各種設定を変更する際、非常に重要なのが「ポリシー」の管理です。組織の運用方針に基づいて、どのような設定を行っていくか考えていきましょう。

① ポリシーの設定例

注意

**ポリシーの変更反映に
必要な時間**

ポリシーを設定してから、実際にユーザーに割り当てられるまでは、数時間かかる場合があります。

補足

いろいろなポリシー

Teamsのポリシーは、右の「メッセージングポリシー」だけではなく、以下のような種類があります。

・会議ポリシー
・ライブイベントポリシー
・アプリのアクセス権ポリシー
・アプリのセットアップポリシー
・通話ポリシー
・チームポリシー
・更新ポリシー
・緊急通報ポリシー

Teams管理センターにおける「ポリシー」とは、組織における運用方針に基づいた設定のことです。さまざまなポリシーを管理することで、Teams for Educationを活用するユーザーの利用環境を整えることができます。

たとえば、チャット利用の制限や解除をはじめ、送信したメッセージを削除したり編集したりすることができるかどうかという細かな内容までも、「メッセージングポリシー」から設定することができます。

1 メニューバーから［会議］をクリックし、

2 ［メッセージングポリシー］をクリックします。

3 必要に応じて項目のオン／オフなどを設定します。

設定したポリシーは、組織全体に割り当てるだけでなく、必要な範囲を決めて割り当てることも可能です。たとえば、教師ユーザーのみに一部規制を緩和したポリシーを設定したり、学習者ユーザーのみに規制を強化したポリシーを設定したりといったことができます。カスタマイズしたポリシーは、「ポリシーパッケージ」という場所に、名前をつけて保存することができます。

また管理者など特定のユーザーのみ、などのように、1人1人ポリシーの設定を変更するということも可能です。

03 | Teams管理センターの使い方③ 〜チーム・ユーザーの管理

ここで学ぶこと

・チームを管理
・ユーザーを管理
・ゲストアクセス

チームとユーザーの管理は、教職員などのチームの所有者が「チームの設定」から対応することができます。Teams管理センターを用いると、組織内の複数チームで一斉に変更することなどが可能となります。

① チーム・ユーザーの管理画面

補足

所有者が0人の場合

退職者などが出てしまった関係で、チームに所有者が1人もいなくなってしまった場合は、チームの設定からは変更することができません。このような場合、右の「チームを管理」画面から、管理者がメンバーを所有者に変更することで、その設定変更ができるようになります。

ヒント

**ユーザーの削除や
パスワードの変更**

Teamsの組織に所属しているユーザーを削除したり、パスワードを変更したりしたい場合は、Microsoft 365管理センター（https://portal.office.com/adminportal/home#/users?WT.mc_id=TeamsAdminCenterCSH）から設定をし直す必要があります。右の「ユーザーの管理」画面上部にも、「管理センター > ユーザー」という部分に、リンクが設定されています。

▶ チームの管理画面

| 1 | メニューバーから［チーム］をクリックし、 |
| 2 | ［チームを管理］をクリックします。 |

| 3 | チームに所属しているメンバーのユーザー名を確認したり、役割を変更したりできます。 |
| 4 | メンバー、チャネル、設定を選択し、各種内容を確認します。 |

▶ ユーザーの管理画面

| 1 | メニューバーから［ユーザー］をクリックし、 |
| 2 | ［ユーザーを管理］をクリックします。 |

| 3 | 表示名やユーザー名を確認できます。 |
| 4 | 割り当てられたポリシーの内容を確認できます。 |

付録2

トラブル解決Q&A

01 Teamsアプリの動作が遅いと感じたときはどうすればよい？

ここで学ぶこと

- Teamsアプリ
- 再起動
- タスクバー

GIGAスクール構想で導入されている1人1台端末のスペックの場合、Teams for Educationのアプリの動作が遅くなると感じることがあります。そんなときには、端末やTeamsアプリを再起動させましょう。

A 端末やTeamsアプリを再起動させる

✎ 補足

学習者の端末活用の日常化と電源管理

端末活用が日常化すると、電源を切るタイミングなども学習者に委ねることになります。学習者にとって身近な情報端末は、スマートフォンであることが考えられます。そのため、タブレットPCもスマートフォンと同じ感覚で、スリープをして使用することが多くなるはずです。このような利用方法だと、Teamsが動作し続けてしまい、動作が遅くなることがあります。「1日の終わりにはシャットダウンをする」などのアドバイスも有効でしょう。

⚠ 注意

アプリを終了させると通知が非表示になる

Teamsアプリを終了させたままにしてしまうと、バックグラウンドでTeamsが動作しなくなります。そのため、メンションなどの通知が非表示になってしまいます。アプリを終了させることには、そのような注意点があるということを、教師はもちろん学習者も理解しておくことが必要です。

▶ Teamsアプリの再起動の方法

1 基本設定で画面右下にあるタスクバーの通知領域から、Teamsのアイコンを右クリックします。見つからない場合は ∧ をクリックし、一覧からTeamのアイコンを右クリックします。

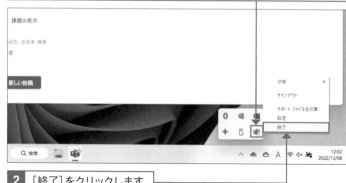

2 ［終了］をクリックします。

3 バックグラウンドでTeamsが動作していないことが確認できます。その後、「スタート」画面からTeamsアプリを再起動しましょう。

Question 02 | チームは学級ごとにする？教科・科目ごとにする？

ここで学ぶこと

- ・チーム
- ・チャネル
- ・教科

チームを作成するとき、学級ごとにするか教科・科目ごとにするかなど、その単位を分けるのに悩むことがあるはずです。一般的には、まったく同じメンバーのチームは、複数作らないほうがよいと考えられます。

Ⓐ 学級のチームを基本に教科・科目はチャネルで分けるとよい

補足

チャネル表示順の工夫も考える

108ページでも紹介したように、チャネルの並べ替えをすることはできません（先頭が「一般」チャネルであることは除く）。「00国語」「01社会」などの形で先頭に数字をつけて、教科・科目ごとで並べ替えをすることがおすすめです。さらに、単元ごとにチャネルを分けたい場合は、「00A漢字を調べよう」「00B古典に親しむ」などのように、さらに枝分かれをさせるのもよいでしょう。

「2023年度6年2組」といったように、年度で学級単位のチームを作ることが無難だと筆者は考えます。

中学校・高等学校などの教科専科制の段階では、教科・科目でチームを分けて「2023年度3年2組理科」などとすることも考えられるかもしれません。しかし、「国語チャネル」「理科チャネル」などと、教科・科目をチャネルで分けたほうが、学習者の混乱は少ないと考えられます。

もちろん、学習者も教師も使い慣れた段階で、情報の発信頻度も高いようであれば、教科・科目ごとのチームを作ることも1つの方法です。ただし、年度更新をする際に、相応の手間がかかるという覚悟は必要です。

教科専科制であっても、教科等横断的な視点でのカリキュラム・マネジメント（23ページ参照）が求められている今、たとえば3年2組の理科担当教員が、同クラスの国語チャネルの発信の内容を見るということは、教育改善の観点からも価値があるかもしれません。

「これが正解」というチーム・チャネルの構成はありませんので、学校などの組織の実態を踏まえながら、年度ごとに点検していけるとよいでしょう。

学級ごとのチーム・チャネルの構成例（小学校）

1年1組 1年2組 1年3組	3年1組 3年2組 3年3組	5年1組 5年2組 5年3組
2年1組 2年2組 3年4組	4年1組 4年2組 4年3組	6年1組 6年2組 6年3組

・学級連絡
・授業
・学級経営

生活	国語 音楽 体育	算数 図工 道徳	社会 道徳	理科 外国語 活動・英語	家庭

チャネル（授業）
各学級担任が自由に作成

連絡帳	学級日誌	係活動	運動会	宿泊行事	雑談	リンク集

チャネル（学級経営）

03 プロフィール画像を変えるのは どこまで許せばよい？

ここで学ぶこと

・プロフィール画像
・著作権
・肖像権

Teamsのプロフィール画像を変えることで、学習者は思い入れを持って使うことができます。また交流もしやすくなります。ただし、自治体などの利用方針や、著作権・肖像権に配慮する必要はあります。

A 利用方針や権利関係の指導は必要だが自由に変えたほうが便利

✏ 補足

**プロフィール画像の
変更設定の反映**

Teamsのプロフィール画像を変更すると、ほかのすべてのMicrosoft 365アプリでの表示も即時に変更されます。ただし、相手からはキャッシュ（一時保存）のデータが残っている関係で、すぐに画像変更の反映が見られない場合があります。相手に一度サインインし直してもらうと、正常に反映されるようになるはずです。

⚠ 注意

著作権と肖像権

190〜191ページで紹介したように、プロフィール画像においても、著作権や肖像権について指導する必要があります。プライベートで使用するSNSにおいて、著作物をアイコンとして使用することは著作権法違反です。また自分の顔写真をSNSで利用することは、リスクが極めて高いです。Teamsなどの授業で使用する機会に、学習者へ指導ができるとよいでしょう。

▶ プロフィール画像の変更方法

プロフィール画像を変更するにあたって、自治体などの利用方針や権利関係の指導は必要となりますが、学習者が自由に変更することによって、便利なことは多々あります。学習者が思い入れを持って使うことができることはもちろん、発信者の区別もつきやすく、交流もしやすくなります。

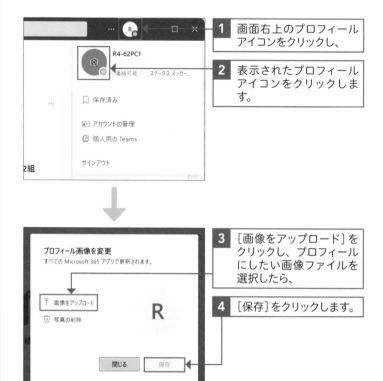

1 画面右上のプロフィールアイコンをクリックし、

2 表示されたプロフィールアイコンをクリックします。

3 ［画像をアップロード］をクリックし、プロフィールにしたい画像ファイルを選択したら、

4 ［保存］をクリックします。

Question 04 | 大切な情報を見落とさないようにしてもらうには？

ここで学ぶこと

・アナウンス
・イラストの選択
・重要

Teamsの活用が進むと必ず起きる問題が、大切な情報が見落とされてしまうということです。「アナウンス」などの機能のさらなる活用法を考えて、投稿を注目させることを考えてみましょう。

A 「アナウンス」機能を活用する

 補足

アナウンスの画像をアップロードする

アナウンスの見出しは、[イラストを選択]以外にも、[画像をアップロード]を選択することができます。

 ヒント

「重要」フラグを活用する

投稿の書式の設定から、[重要としてマーク]をクリックすると、重要な投稿であることを赤く示すことができます。さらに投稿後は、投稿したチャネルに ❗ が表示されます。頻繁に使ってしまうとかえって目立たなくなってしまうため、大切な情報を発信するときのみ活用しましょう。

▶「アナウンス」機能の活用

148ページで紹介した「アナウンス」機能のさらなる活用法を考えましょう。チームのメンバーに通知が表示されて投稿を目立たせる「アナウンス」は、見出しの背景のイラストを変更することができます。学習者の実態に応じて、話題に合わせたアナウンスをしていくことで、大切な情報に注目できるようにしましょう。

1 「新しい投稿」で ✒ (書式)をクリックし、

2 [アナウンス]をクリックします。

3 🖼 をクリックし、

4 [イラストを選択]をクリックして、話題に合ったイラストを選びます。

5 選択した見出しのイラストに変更されました。

215

ここで学ぶこと

・複数のチャネルに 投稿
・複数のチームに投稿

教員の立場であると、同じ学年の別クラスのチームに所属することがあります。このとき、同じ学年の複数チームに、同じ投稿をしたい場面が出るはずです。ここでは、そういったケースの解決方法を紹介します。

A [複数のチャネルに投稿] を選択する

補足

投稿したあとの表示形式

「複数のチャネルに投稿」をした投稿には、複数のチャネルに投稿しているということがわかるように、⧉ が表示されます。

> **小池 翔太** 0:02 ⧉
> **明日の学年集会の持ち物**
> 明日の1時間目は、体育館で学年集会があります。各クラスとも、筆記用具を持ってくるようにしてください。

注意

チームのメンション機能

右のように「2023年度6年2組」と「2023年度6年3組」の複数のチームへ投稿した際、もし「@2023年度6年2組」とメンションをつけてしまったときのことを考えてみましょう。このとき、「2023年度6年3組」にのみ所属しているメンバーがいた場合、「2023年度6年2組」のチームへアクセスできるようになってしまいます。もちろん、所有者による承認作業が必要ですが、混乱を招くもとになってしまいかねません。複数のチームにまたがった投稿をする場合は、チームのメンションはつけないほうが無難といえます。

▶ 複数のチャネルに投稿する方法

自分が所属している複数のチームに、同じ内容の投稿を同時に行う場合は、[複数のチャネルに投稿]を選択しましょう。

1 「新しい投稿」で ✒ (書式)をクリックし、

2 [複数のチャネルに投稿]をクリックします。

3 同時に投稿したいチャネルにチェックを入れます。

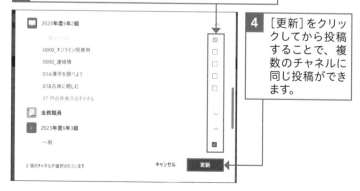

4 [更新]をクリックしてから投稿することで、複数のチャネルに同じ投稿ができます。

Question
06 | 見落としてしまった過去の投稿を探すには？

ここで学ぶこと

・検索
・コマンドの
　一覧表示

Teamsの画面中央上部には、検索するためのバーが表示されています。これを活用することで、見落としてしまった過去の投稿やファイルを検索することができます。

A 「検索」からキーワードを入力して探す

 補足

コマンドの一覧表示

検索バーに「/」を入力することで、さまざまなコマンドが一覧で表示されます。

▶ 投稿を検索する方法

Teamsの画面中央上部には、検索バーが表示されています。ここにキーワードを入力することで、過去の投稿などさまざまな情報を見つけることができます。

1 画面中央上部の検索バーをクリックし、探している情報を入力して、キーボードの Enter を押します。

2 検索結果が表示されます。検索結果の種類についてソートをかけたい場合は、画面上部のタブを選択します。

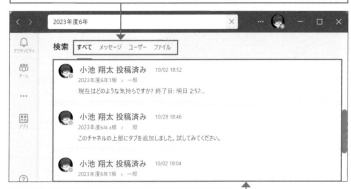

3 目的の情報があるかどうかを確認します。

07 | 終了した会議に勝手に入室してしまわないようにするには？

ここで学ぶこと

・会議のオプション
・ロビーの迂回
・自分のみ

会議をスケジュールして終了したあと、学習者や保護者が誤って入室してしまうという、ちょっとしたトラブルが発生することがあります。この場合は、会議の主催者以外が始められないように設定しましょう。

A 「会議のオプション」の「ロビーの迂回」の設定を変更する

✏ 補足

会議中にオプションを設定する

会議中の画面で「会議のオプション」を設定すると、ブラウザ画面で設定することなく、かんたんに設定することができます。会議の終了直前に設定するように習慣づけられるとよいでしょう。

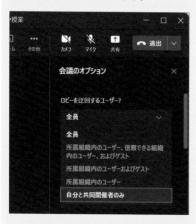

▶ 「会議のオプション」で設定する方法

終了した会議に再度入室してしまうと、いわば「会議の迷子」のようなトラブルが発生してしまう可能性があります。会議が終了した場合、「会議のオプション」の「ロビーの迂回」（57ページ参照）の設定を変更することで、回避できます。

1 会議のスケジュールなどの画面から［会議のオプション］をクリックします。

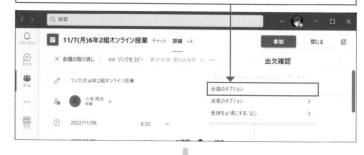

2 「ロビーを迂回するユーザー？」で［自分と共同開催者のみ］をクリックして設定します。

Question
08 | メンションに敬称は つけなくてよい？

ここで学ぶこと

・メンション
・敬称略
・マナー

メンションは、あくまで通知をつけることが主な目的です。したがって、たとえアカウントの表記名が本名であっても、基本的には敬称をつけなくてよいと考えられています。

A 敬称はつけなくてよいが文化は未浸透ではある

 補足

マイクロソフトの公式見解

マイクロソフトが公開した記事内の「メンションに敬称は必要か」では、以下のように記述されています。

> メンションする際に敬称を付けるべきか迷うという声もよく聞かれます。もちろん敬称なしで入力すれば効率的ですが、Microsoft Teams のようなコミュニケーション ツールを利用する際は気持ちよくコミュニケーションを図ることが肝要です。
>
> 一般的には付与せずとも問題ありませんが、特別に印象を和らげたいときや、所属するチームで付与することが一般的な場合など、もしも敬称を付けたければ、メンションした文字の最後に「さん」などを付与してもよいでしょう。
>
> また、投稿の内容によって使い分けるのも一案です。
> たとえば、冒頭でメンションする場合などは敬称なしにして、誰か1人にメンションするときや、本文内でメンションするときは「さん」付けにするという使い分け方もあります。

Microsoft「Microsoft Teamsでの@メンション機能の使い方と対処法を解説」より引用
https://www.microsoft.com/ja-jp/biz/smb/column-teams-mention.aspx#primaryR10

▶ メンションと敬称の考え方

Teams とは異なるビジネスチャットツールにおいても、「メンションに敬称はつけなくてよいか」が、しばしば話題になることがあります。Teamsはメールとは異なり、ある程度のメンバーが決まった組織内にて、すばやいやり取りが前提となるために、敬称をつける必要はありません。もちろん名前を呼びかける際にメンションをつけたい場合は、その流れで敬称をつけることは考えられます。

大切なことは、その価値観を相手に強要しないことです。Teams がコミュニケーションツールであることを踏まえて、その人に合わせた使い方を認めていくことが大切です。

> 文頭のメンションには、わざわざ敬称をつけなくても、失礼にはあたらないと考えるのが一般的です。

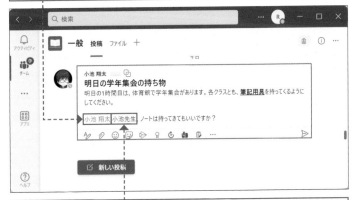

> 文中のメンション・メンションなしの名前には、敬称があると自然と考えるのが一般的です。

索引

な・は行

ま行

や・ら行

著者紹介

小池 翔太(こいけ しょうた)
1989年千葉県生まれ。東京学芸大学附属小金井小学校教諭。

経歴
千葉大学大学院人文社会科学研究科 公共研究専攻 博士後期課程 学生。修士(教育学)。立命館小学校 講師、千葉大学教育学部附属小学校 教諭などを経て、現職。

研究関心
専門は授業実践開発研究。ICTを活用した教育や企業と連携した教育など、現代的な課題を踏まえた授業・教材づくりについて実践的に研究を行う。

社会貢献活動
近共著に『ICT主任になったら読む本:実務がうまくいく心構え&仕事術35』(明治図書、2022年)。一般社団法人「プロフェッショナルをすべての学校に」研究員。NHK Eテレ『テキシコー』『Why!?プログラミング』番組委員。プログラミング学習プラットフォーム『LINE entry』監修。

校内役職等
2022年度6年生学級担任、情報部長。教科等部会ではICT部会に所属し、公開セミナーや情報発信を精力的に行う。

東京学芸大学附属小金井小学校ICT部会 YouTube
チャンネル
https://www.youtube.com/channel/
UCK8ny7kQIt1bDTC-No_vCzw

お問い合わせについて

本書に関するご質問については、本書に記載されている内容に関するもののみとさせていただきます。本書の内容と関係のないご質問につきましては、一切お答えできませんので、あらかじめご了承ください。また、電話でのご質問は受け付けておりませんので、必ずFAXか書面にて下記までお送りください。
なお、ご質問の際には、必ず以下の項目を明記していただきますようお願いいたします。

1　お名前
2　返信先の住所またはFAX番号
3　書名（今すぐ使えるかんたん　Teams for Education
　　〜導入から運用まで、一冊でしっかりわかる本〜）
4　本書の該当ページ
5　ご使用のOSとソフトウェアのバージョン
6　ご質問内容

なお、お送りいただいたご質問には、できる限り迅速にお答えできるよう努力いたしておりますが、場合によってはお答えするまでに時間がかかることがあります。また、回答の期日をご指定なさっても、ご希望にお応えできるとは限りません。あらかじめご了承くださいますよう、お願いいたします。

問い合わせ先

〒162-0846
東京都新宿区市谷左内町21-13
株式会社技術評論社　書籍編集部
「今すぐ使えるかんたん　Teams for Education
〜導入から運用まで、一冊でしっかりわかる本〜」質問係
FAX番号　03-3513-6167

https://book.gihyo.jp/116

■お問い合わせの例

FAX

1　お名前

　　技術　太郎

2　返信先の住所またはFAX番号

　　03-XXXX-XXXX

3　書名

　　今すぐ使えるかんたん
　　Teams for Education
　　〜導入から運用まで、
　　一冊でしっかりわかる本〜

4　本書の該当ページ

　　101ページ

5　ご使用のOSとソフトウェアのバージョン

　　Windows 11
　　Microsoft Teams
　　1.5.00.28361

6　ご質問内容

　　手順2の操作をしても、
　　手順3の画面が表示されない

※ご質問の際に記載いただきました個人情報は、回答後速やかに破棄させていただきます。

今すぐ使えるかんたん Teams for Education 〜導入から運用まで、一冊でしっかりわかる本〜

2023年2月8日　初版　第1刷発行

著　者●小池 翔太
発行者●片岡 巌
発行所●株式会社 技術評論社
　　　　東京都新宿区市谷左内町21-13
　　　　電話　03-3513-6150　販売促進部
　　　　　　　03-3513-6160　書籍編集部
装丁●田邉 恵里香
本文デザイン●ライラック
写真提供●ピクスタ
編集／DTP●リンクアップ
担当●青木 宏治
製本／印刷●大日本印刷株式会社

定価はカバーに表示してあります。

落丁・乱丁がございましたら、弊社販売促進部までお送りください。
交換いたします。
本書の一部または全部を著作権法の定める範囲を超え、無断で複写、複製、転載、テープ化、ファイルに落とすことを禁じます。

©2023　小池 翔太

ISBN978-4-297-13267-5　C3055

Printed in Japan